图 0-1　普通玻璃装饰效果

图 0-2　磨砂玻璃装饰效果

图 0-3　镜面石材与剁斧石的质感对比

图 0-4　木材与石材的纹理对比

表板（面板）

芯板

中心层、长中板

芯板

表板（背板）

图 1-6　胶合板

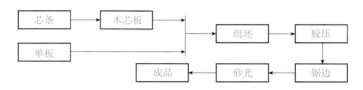

图 1-7　细木工板生产工艺

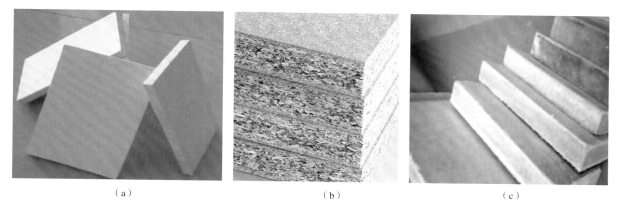

（a）　　　　　　　　　　　　　（b）　　　　　　　　　　　　　（c）

图 1-8　刨花板

(a)石膏刨花板；(b)多层刨花板；(c)水泥刨花板

图 1-9　纤维板

图 1-10　木丝板

图 1-11　欧松板

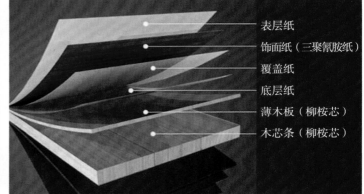

表层纸
饰面纸（三聚氰胺纸）
覆盖纸
底层纸
薄木板（柳桉芯）
木芯条（柳桉芯）

图 1-12　三聚氰胺板

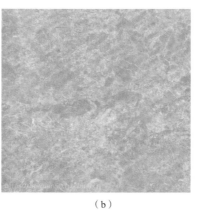

（a）　　　　　　　　　　　（b）　　　　　　　　　　　（c）

图 1-17　釉面内墙砖品种
(a)白色釉面砖；(b)花色釉面砖；(c)图案釉面砖

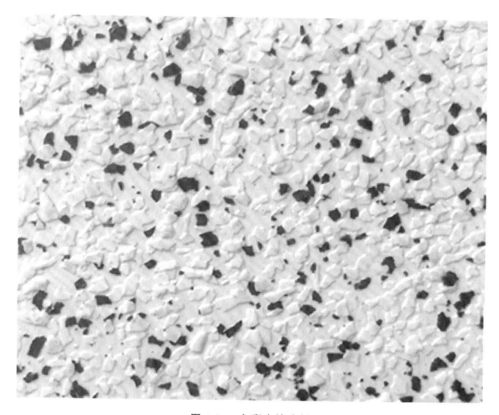

图 1-20　多彩内墙涂料

图 1-24　彩色砂壁状涂料

图 1-42　彩色玻璃　　　　　　图 1-48　激光玻璃

图 1-54　空心玻璃砖

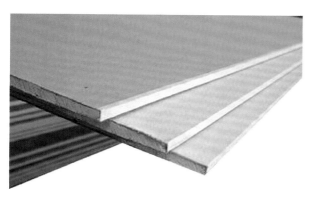
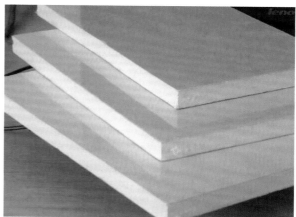

图 2-4　纸面石膏板

图 2-16 ETFE 薄膜顶棚

图 2-17 装饰不锈钢板

(a)镜面不锈钢板;(b)亚光不锈钢板;(c)浮雕不锈钢板;(d)拉丝不锈钢板;(e)彩色不锈钢板

 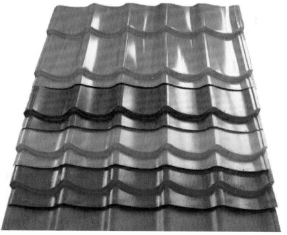

图 2-19 彩色压型钢板

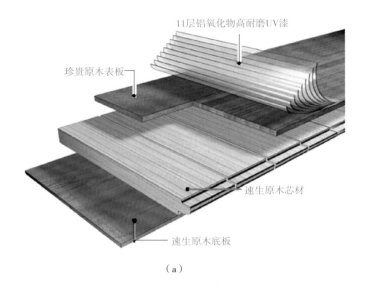

图 3-4　实木复合地板

(a)三层实木复合地板；(b)多层实木复合地板

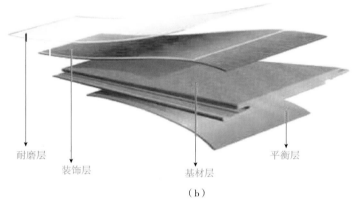

图 3-5　强化木地板

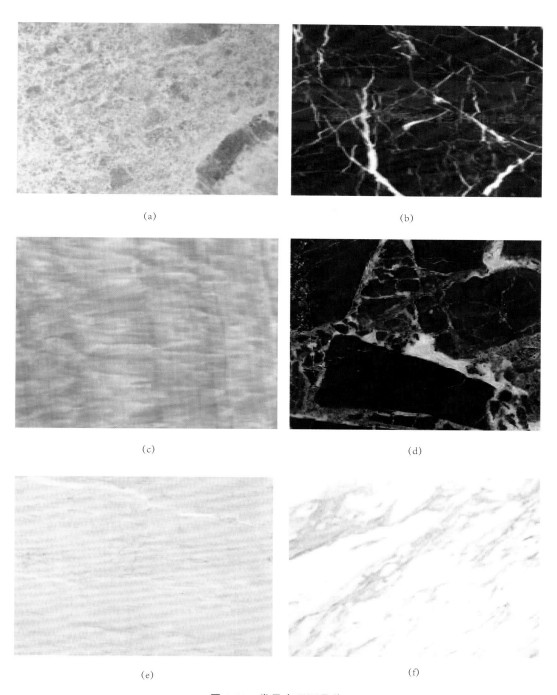

图 3-28　常见大理石品种

(a)莱阳绿;(b)桂林黑;(c)松香黄;(d)铁岭红;(e)米黄;(f)风雪

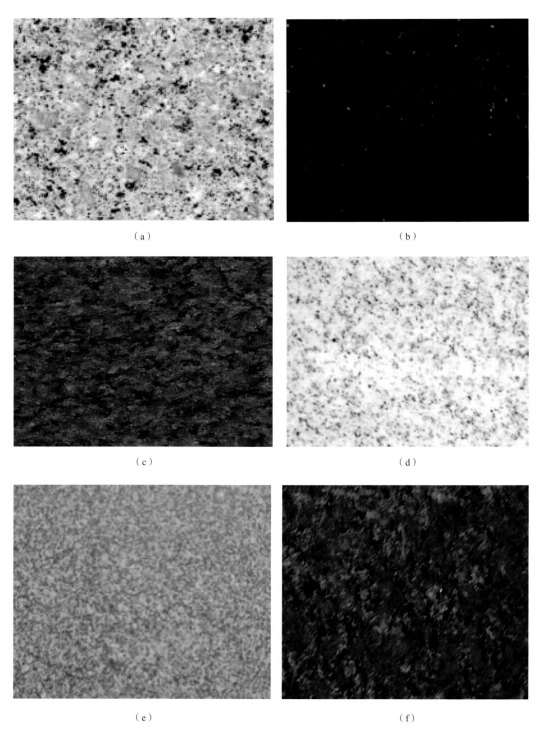

图 3-33　天然花岗石的种类

(a)蓝宝石;(b)济南青;(c)将军红;(d)莱州白;(e)莱州青;(f)贵妃红

图 3-49　地毯按图案类型分类

(a)京式地毯；(b)美术式地毯；(c)仿古式地毯；(d)彩花式地毯；(e)素凸式地毯

（a）

（b）

图 4-7　白色水泥与彩色水泥

(a)白色水泥；(b)彩色水泥

砂（河砂）　　　　　水泥（袋装）　　　　　水（清洁水）

建筑砂浆（成品）

图 4-8　建筑砂浆组成

图 4-11　纸筋

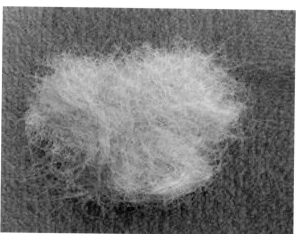

图 4-12　麻刀

图 4-13　膨胀珍珠岩

图 4-14　陶粒

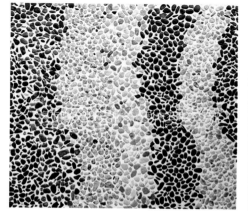

图 4-17　水刷石

图 4-19　仿瓷砖装饰效果

图 4-28　装饰混凝土地面

图 4-29　装饰混凝土墙面

图 5-6　树脂基填缝材料

建筑装饰材料

主 编 曹雅娴 邵亚丽

参 编 王 丽 李 娜

梁闻轩 王殿功

主 审 任雪丹

北京理工大学出版社
BEIJING INSTITUTE OF TECHNOLOGY PRESS

内 容 提 要

　　本书是按照高等院校建筑装饰工程技术、建筑装饰材料技术和建筑室内设计等专业的教学要求编写的,融合装饰施工部分共分为绪论和五个模块。内容包括:绪论、性质,墙面装饰材料、顶面装饰材料、地面装饰材料、建筑装饰胶凝材料及胶粘剂,以及其他装饰材料及辅料等,包含200余种常用建筑装饰材料的介绍。针对不同种类装饰材料的概念、特性、相关国家标准规范的质量要求,材料的规格尺寸及装饰材料在装饰工程中的实际应用做了详细说明。

　　本书可作为高等院校建筑装饰工程技术专业、建筑室内设计专业、建筑装饰材料技术专业的教学用书,也可作为建筑学专业、环境艺术专业的教学参考书,以及相关专业继续教育、岗位培训的教材和使用参考书。

图书在版编目(CIP)数据

　　建筑装饰材料 / 曹雅娴,邵亚丽主编.--北京:
北京理工大学出版社,2022.11
　　ISBN 978-7-5763-1879-1

　　Ⅰ.①建…　Ⅱ.①曹…②邵…　Ⅲ.①建筑材料—装饰材料—高等学校—教材　Ⅳ.①TU56

　　中国版本图书馆CIP数据核字(2022)第227195号

出版发行 / 北京理工大学出版社有限责任公司

社　　　址 / 北京市海淀区中关村南大街5号

邮　　　编 / 100081

电　　　话 / (010)68914775(总编室)
　　　　　　　(010)82562903(教材售后服务热线)
　　　　　　　(010)68944723(其他图书服务热线)

网　　　址 / http://www.bitpress.com.cn

经　　　销 / 全国各地新华书店

印　　　刷 / 河北鑫彩博图印刷有限公司

开　　　本 / 787毫米×1092毫米　1/16

印　　　张 / 12

插　　　页 / 8　　　　　　　　　　　　　　　　　　责任编辑 / 时京京

字　　　数 / 307千字　　　　　　　　　　　　　　　文案编辑 / 时京京

版　　　次 / 2022年11月第1版　2022年11月第1次印刷　　责任校对 / 刘亚男

定　　　价 / 89.00元　　　　　　　　　　　　　　　责任印制 / 边心超

Foreword

前　言

　　建筑装饰材料是建筑装饰装修的主要物质基础，要创造满足人们多层次、多风格的要求，充分体现个性化和人性化的建筑空间环境，主要通过建筑装饰材料的质感、纹理、色彩等，来实现装饰效果和不同的使用功能。不同建筑装饰材料具有不同的特性、使用范围和质量标准，因此，只有了解、熟悉、掌握了建筑装饰材料的相关知识，才能根据不同的建筑装修部位和使用条件，合理选择不同的建筑装饰材料，以达到理想的建筑装饰效果。

　　本书是按高等院校建筑装饰工程技术专业的教学基本要求编写的，是编者数年的教学改革实际和市场调研的成果。在内容编排上尽量做到科学合理，打破传统按材料类别设置章节，按照建筑装饰材料施工使用部位划分建立知识构架，内容更容易与后续其他专业课程进行衔接，更符合实际生活选购特点，除详细介绍材料的分类、特点、性能、构造、规格外，还介绍了材料的选购与应用的相关知识。

　　本书每一模块有明确的知识目标、技能目标及素养目标，根据高等院校学生特点及课程特点，创新教材形态，做到内容多元呈现，配套海量的高清材料图片。本书开发了生动逼真的配套视频资源、动画，使学生对所学知识有直观的认识，便于掌握。每一模块内容后附有实训任务（帮助学生将理论知识与市场接轨、与工程实践相联系）和思考与练习（加深学生对模块内容的掌握和学习检验）。

　　本书依据国家新标准规范，将产业发展的新技术、新材料纳入教材内容，实现教学内容与行业发展前沿对接，有机融入大量与教学内容契合度较高的思政相关内容，包括绿色环保意识、中国传统文化、工匠精神、工程伦理、安全意识等，体现了课程思政理念，辅助实现土建类专业岗位的育人目标，体现教材育人功能。

　　本书由内蒙古建筑职业技术学院曹雅娴、邵亚丽担任主编；内蒙古建筑职业技术学院王丽、李娜、梁闻轩，河北建设集团股份有限公司王殿功参与编写。具体编写分工为：绪论由曹雅娴、王殿功编写，模块一由曹雅娴编写，模块二由李娜编写，模块三由邵亚丽编写，模块四由王丽编写，模块五由梁闻轩编写。全书由内蒙古建筑职业技术学院任雪丹主审。

由于建筑装饰材料种类繁多，且发展速度快，加之编者水平有限，编写时间仓促，编写过程中难免存在疏漏和不足之处，恳请读者批评指正。

编　者

Contents

目 录

绪论

教学目标 »»»

知识目标	了解建筑装饰材料的含义、基本分类，掌握建筑装饰材料的基本性质、性能指标
技能目标	根据材料的使用范围、装饰效果和种类不同，娴熟选择装饰材料
素养目标	养成良好的职业习惯，培养严谨、细心的工作态度，按标准规范做事；用具体问题具体分析的观点阐述建筑装饰工程材料的适用情况

建筑装饰材料是在建筑施工中，当结构和水、暖、电管道安装等工程基本完成，在最后装修阶段所使用的起装饰效果的材料。建筑装饰的整体效果和建筑装饰功能的实现，在很大程度上受到建筑装饰材料的制约，尤其受到装饰材料光泽、质感、图案、花纹等装饰特性的影响。因此，熟悉各种装饰材料的性能、特点，根据建筑物使用环境条件，合理选用装饰材料，才能材尽其能、物尽其用。

»» 学习单元1　建筑装饰材料的分类

建筑装饰材料的品种繁多，用途不同，基本性能也千差万别，因此可以从不同角度对其分类：如按材料形态可分为实材、板材、片材、型材和线材；按材料来源可分为天然材料、人造材料；按功能可分为吸声材料、隔热材料、防水材料、防潮材料、防火材料、防霉材料、耐酸碱材料、耐污染材料等。

为了便于工程技术人员选用建筑装饰材料，我们需要重点了解材料的组成与性质，所以常见建筑装饰材料分类如下。

1.1　按化学成分不同分类

按化学成分不同，建筑装饰材料可分为金属材料、非金属材料和复合材料三大类，见表0-1。

表 0-1　建筑装饰材料按化学成分不同分类

表 0-1　建筑装饰材料按化学成分不同分类

类别	化学成分		常用装饰材料
金属材料	黑色金属材料		普通钢材、不锈钢、彩色不锈钢
	有色金属材料		铝及铝合金、铜及铜合金、金、银
非金属材料	无机材料	天然饰面石材	天然大理石、天然花岗石
		烧结与熔融制品	玻璃装饰制品、陶瓷装饰制品、岩棉矿棉制品
		胶凝材料	水硬性：白水泥、彩色水泥
			气硬性：石膏、石灰、水玻璃
	有机材料	木材制品	胶合板、细木工板、竹木地板等
		装饰织物	地毯、墙布、窗帘材料
		合成高分子材料	塑料制品、涂料、密封材料、胶粘剂
复合材料	有机与无机复合		人造花岗石、人造大理石、钙塑泡沫装饰吸声板
	金属与非金属复合		涂塑钢板、彩色涂层钢板

1.2　按装饰部位不同分类

按装饰部位不同，建筑装饰材料可分为外墙装饰材料、内墙装饰材料、地面装饰材料和顶棚装饰材料等，见表 0-2。

表 0-2　建筑装饰材料按装饰部位不同分类

类别	装饰部位	常用装饰材料
外墙装饰材料	外墙、阳台、台阶、雨篷等	天然花岗石、外墙面砖、外墙涂料、金属板、玻璃制品
内墙装饰材料	内墙墙面、墙裙、隔断踢脚线等	天然石材、人造石材、内墙釉面砖、人造板材、内墙涂料、墙纸、壁布、塑料板、石膏板、金属板、石膏制品
地面装饰材料	地面、楼面、楼梯等	木地板、陶瓷地砖、石板、地毯、地面涂料、塑料地板
顶棚装饰材料	室内顶棚	人造板材、内墙涂料、塑料板材、石膏板、玻璃

1.3　按装饰材料的燃烧性能不同分类

按装饰材料的燃烧性能不同，建筑装饰材料可分为 A、B1、B2 和 B3 四个等级，见表 0-3。

表 0-3　建筑装饰材料按装饰材料的燃烧性能不同分类

等级	燃烧性能	常用装饰材料
A	不燃性	石材、水泥制品、玻璃、瓷砖、钢铁等
B1	难燃性	纸面石膏板、水泥刨花板、矿棉板、纤维石膏板、硬 PVC 塑料地板等
B2	可燃性	天然木材、木制人造板、普通墙纸、聚酯装饰板
B3	易燃性	油漆、聚乙烯泡沫塑料等

学习单元2　建筑装饰材料的性质与性能

2.1　建筑装饰材料的装饰性能

材料的性能是评定、选择和使用材料的基本要求与标准，由于材料的使用范围、装饰效果和种类不同，对其要求也不同。

1. 色彩

色彩是材料对可见光谱选择吸收后的结果，不同颜色会给人不同的感受，如粉色、红色给人温暖和热烈感；青色、蓝色给人安静凉爽的感觉。在装饰设计中，色彩设计与其他设计因素相比可以更直接、更强烈地诉诸人的情感，时刻影响着人们的心理和情感的变化。

同时，建筑本身色彩的应用和配制遵循一些功能规则，往往也成为装饰材料色彩选择的依据。例如，室内顶棚的浅色规则造成大部分顶棚材料都为白色或浅色，以使室内空间呈现明亮感；象征生机、活泼的绿色、橙色、黄色的搭配是儿童房间的首选颜色。

2. 光泽

光泽是材料表面方向性反射光线的一种特性，在评定材料的装饰性能时，光泽的重要性仅次于色彩。材料表面越光滑，光泽度越高，不同的光泽度可以改变材料表面的明暗程度，并可以扩大视野或造成不同的虚实对比。例如，室内装饰中适当使用玻璃镜面产生的镜面反射可以扩展空间进深感。

3. 透明度

透明度是指光线通过物体所表现的穿透程度。利用材料的透明度可隔断或调整穿透光线的强弱，产生各异的光学效果。例如，普通门窗玻璃大部分是透明的，磨砂玻璃、压花玻璃则是半透明的。半透明材料可以用于既可透光又可保证封闭空间的私密性的装饰装修，如图 0-1、图 0-2 所示。

图 0-1　普通玻璃装饰效果

图 0-2　磨砂玻璃装饰效果

4. 质感

材料的质感是人们对材料的强度、色彩、光泽、纹理等的综合感受，如在人的感官中产生软硬、轻重、冷暖等感觉，如金属的冷峻、木材的温馨、红砖的古朴等；同时，相同的材料因表面加工不同也可以有不同的质感，如剁斧石给人豪放、粗犷的感觉。不同材料的质感决定了材料的独特性和差异性。在装饰材料运用中，利用材料的质感及变化与对比，可以创造有个性的空间环境，如图 0-3 所示。

图 0-3　镜面石材与剁斧石的质感对比

5. 纹理

纹理是指材料表面自然形成的花纹或纹路。天然材料的纹理自然、真实，人造材料的纹理均匀、没有瑕疵，但显得呆板，如图 0-4 所示。

图 0-4　木材与石材的纹理对比

2.2　建筑装饰材料的技术性能

建筑装饰材料在使用过程中承受着各种不同的作用，除外力作用外，材料还会受到其他介质的作用，如雨水、温度变化、紫外线等，导致材料的性质发生变化。因此，要保证建筑物正常使用，就必须使其具备基本的强度、防水、保温、耐腐蚀等功能。

1. 与质量有关的性质

（1）密度。密度是指材料在绝对密实状态下（不含任何孔隙）单位体积的质量。材料的密度大小取决于组成材料的微观结构，除钢材、玻璃等高密度材料外，绝大多数材料都有孔隙。

（2）表观密度。表观密度是指材料在自然状态下单位体积的质量。材料的孔隙率越大，其表观密度就越小。

（3）堆积密度。散粒材料在自然堆积状态下单位体积的质量称为堆积密度。材料在自然状态下，其体积不但包括所有颗粒内的孔隙，还包括颗粒之间的空隙。材料的空隙越大，其堆积密度就越小。

视频：堆积密度

（4）孔隙率与密实度。孔隙率是指材料中孔隙体积占整个材料在自然状态下的体积的比例；密实度是指材料体积内固体物质的充实程度。

一般情况下，孔隙率的大小及孔隙的特征与材料的强度、吸水性、抗渗性、耐磨性、导热性、吸湿性等都有密切关系。

视频：孔隙率
与密实度

2. 与水有关的性质

（1）亲水性与憎水性。材料与水接触时，表面能被水湿润的性质称为亲水性；不能被水润湿的性质称为憎水性。在水、材料与空气的液、固、气三相交接处作为液滴表面的切线，切线经过水与材料表面的夹角称为材料的润湿角，用 θ 表示，如图 0-5 所示。若 $\theta<90°$ 说明材料能被水润湿而表现亲水性，如木材；若 $\theta>90°$ 说明材料表面不能吸水而表现憎水性，如沥青、塑料等。

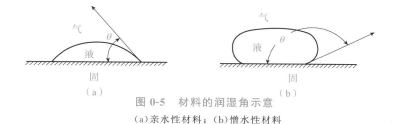

图 0-5 材料的润湿角示意

（a）亲水性材料；（b）憎水性材料

视频：亲水性

（2）吸水性。吸水性是指材料在水中吸收水分的能力，吸水性的大小一般以吸水率表示。影响材料吸水性的主要因素有材料本身的化学组成、结构和构造状况，尤其是孔隙状态，一般来说，孔隙率越大，吸水性越大。

（3）吸湿性。材料的吸湿性是指材料在潮湿空气中吸收水分的能力。吸湿性用含水量表示。吸湿性随着空气温度的变化而变化，干的材料在空气中能吸收水分逐渐变湿；湿的材料在空气中能失去水分，逐渐变干，最终是材料的水分与周围空气的湿度达到平衡，此时处于气干状态时的含水率称为平衡含水率。

（4）耐水性。材料在水中或吸水饱和以后不破坏，其强度不显著降低的性质称为耐水性。金属有较强的耐水性，但其表面遇水后会生锈、变色；建筑涂料常以涂刷后遇水是否会起泡、脱落、褪色等来说明耐水性程度。

（5）抗冻性。材料在吸水饱和状态下，在多次冻融循环作用下，保持原有的性能，抵抗破坏的能力，如陶瓷吸水饱和受冻后容易出现脱落现象。

3. 与热有关的性质

（1）导热性。热量由材料的一面传到另一面的性质，称为材料的导热性，导热性用导热率表示。热导率越小，隔热性能越好，且材料含水受冻后，热导率可加大近 100 倍。

（2）热容。材料受热时吸收热量，冷却时放出热量的性质称为热容。房屋墙体、屋面采用高热容的材料可长时间保持室内温度的稳定，建筑装饰装修工程也应采用保温绝热材料，以提高建筑物的使用功能，减少热损失，节约能源。

（3）耐燃性。耐燃性是指材料抵抗燃烧的性质。材料的耐燃性是影响建筑物防火和耐火等级的重要因素。各类建筑设计或装饰设计必须符合国家有关防火规范规定的防火要求，妥善处理装饰效果和使用安全的矛盾，积极采用不燃性材料和难燃性材料，做到安全适用，经济合理。

(4)耐火性。耐火性是材料抵抗高热或火焰作用，保持原有性质的能力。与耐燃性不同，如金属材料、玻璃等虽属于不燃材料，但在高温作用下，在短时间内会变形、熔融，因此不属于耐火材料。材料耐火性用耐火时间(h)来表示，称为耐火极限。

遵守规范，合理选材，存敬畏心，有责任感

三起火灾引发的思考

2018年8月25日，哈尔滨市某酒店火灾，造成20人死亡，23人受伤，经查，酒店周围采用大量塑料绿植装饰材料；2017年2月5日，浙江台州某足浴中心火灾，造成18人死亡，18人受伤，该场所采用大量的可燃易燃装修材料；2009年1月31日，福建某酒吧火灾，造成17人死亡，22人受伤，该酒吧顶棚采用聚氨酯装饰材料。三起火灾共造成55死63伤，看似毫无关联的三起事故其实存在着一个共同点：三个场所均为公众聚集场所，都采用了可燃易燃装饰材料。

可燃易燃装饰材料会使建筑失火的概率增大，使火势迅速蔓延扩大，增大建筑内的火灾荷载，严重影响人员安全疏散和扑救。2019年，应急管理部发布了《关于人员密集场所防范重大消防安全风险加强消防安全管理的通告》，对"九类消防安全突出风险"加强整治。其中，第四条指出："严禁违规使用易燃可燃材料装修装饰。"

(1)商场市场、宾馆饭店、公共娱乐场所等公众聚集场所采用易燃可燃材料装修装饰的，必须拆除或更换。

(2)幼儿园、养老院、医院、员工宿舍等人员密集场所，施工工地办公、住宿等临时用房采用易燃可燃材料为芯材的彩钢板搭建的，必须拆除或更换。

(3)现有高层建筑、商住楼等场所使用聚氨酯泡沫、聚苯乙烯等易燃可燃材料作为外墙外保温系统的，严禁在周边安全距离内燃放烟花爆竹，存在违规动火作业；确需动火动焊施工的，必须严格落实现场监护和防范措施。

(4)电气线路穿越或敷设在易燃可燃装修装饰材料中的，必须采取穿管保护等防火措施；开关、插座等电器配件周围必须采取不燃隔热材料进行防火隔离。

(5)大型活动现场布展使用大量易燃可燃装饰材料的，必须拆除或更换。

请同学们遵守相关规范规定，请尽可能选择阻燃材料。如必须选用可燃材料进行阻燃处理，做有敬畏心和责任感的材料人。

---

4. 有声音有关的性质

(1)吸声性。材料在空气中有能够吸声的能力。影响材料吸声效果的主要因素有材料的孔隙率、孔隙特征和材料厚度。

(2)隔声性。隔绝声音的能力，使声能在传播途径中受到阻挡而不能直接通过。隔声可分为隔绝空气声(空气传播)和隔绝固体声(撞击或振动传播)。弹性材料具有较高的隔固体声的能力，如橡胶片等。

5. 与作用力有关性质

（1）强度。材料在外力作用下抵抗破坏的能力称为材料的强度。根据外力作用方式不同，材料强度包括抗压强度、抗拉强度、抗弯强度和抗剪强度等。材料的强度主要取决于材料成分、结构及构造有关，如砖、石等材料的抗压强度较高，但抗拉强度及抗弯强度很低。

（2）弹性和塑性。材料在外力作用下产生变形，当外力解除后，能完全恢复到变形前形状的性质称为弹性变形；外力取消后，有一部分变形不能恢复的性质称为塑性变形。完全弹性的材料实际是不存在的，大部分材料是弹性、塑性分阶段发生的。

视频：塑性变形

（3）脆性和韧性。材料的脆性是指当外力达到一定程度，材料无明显的塑性变形而突然破坏的性质。陶瓷、玻璃、石材等都属于脆性材料。材料在冲击、振动荷载作用下能吸收较大能量，能承受较大的变形也不发生破坏的性质称为材料的韧性。钢材、木材、橡胶等都属于韧性材料。

（4）硬度和耐磨性。材料表面抵抗较硬物体压入、刻画的能力称为材料的硬度。耐磨性是指材料表面抵抗磨损的能力。一般材料硬度越大耐磨性越好。

6. 耐久性

耐久性是材料长期抵抗各种内外破坏、腐蚀介质的作用，保持其原有性质的能力。材料的耐久性是材料的一项综合性质，一般包括耐水性、抗渗性、抗冻性、耐腐蚀性等。对装饰材料而言，主要要求颜色、光泽、外形等不发生显著的变化。

影响耐久性的主要因素如下：

（1）内部因素是造成装饰材料耐久性下降的根本原因。内部因素主要包括材料的组成结构与性质。

（2）外部因素是影响耐久性的主要因素。外部因素主要如下：

1）化学作用，包括各种酸、碱、盐及其水溶液，各种腐蚀性气体，对材料具有化学腐蚀作用或氧化作用。

2）物理作用，包括光、热、电、温度差、湿度差、干湿循环、冻融循环、溶解等，可使材料的结构发生变化，如内部产生微裂纹或孔隙率增加。

3）机械作用，包括冲击、疲劳荷载，各种气体、液体及固体引起的磨损与磨耗等。

4）生物作用，包括菌类、昆虫等，可使材料产生腐朽、虫蛀等而破坏。

≫ 学习单元 3　建筑装饰材料的选择原则

由于建筑装饰材料种类繁多，性能各异，在使用时应考虑各方面因素，合理选择装饰材料。装饰材料选择的正确与否，直接关系到建筑装饰的效果、工程质量和造价，一般选用装饰材料应遵循以下原则。

3.1　材料功能性要求

不同的建筑类型和装修标准应选用不同品种的材料，并结合建筑物的功能、所处环境，充分考虑材料的装饰性质选择材料。如公共建筑应选择耐磨、耐久性好、安全性好的材料。

3.2 装饰环境要求

建筑装饰材料由于受室内外环境影响会降低使用功能,因此,在材料的选择上应考虑装饰建筑物所处的地区、装修部位等因素。南方住宅常采用陶瓷地砖铺设,凉爽清洁,北方寒冷地区宜选用有一定保温隔热性能的木地板;地区的风俗习惯和建筑特点,也对室内外装饰材料的选择有一定影响。室外应选用耐大气腐蚀、不易褪色、不易风化的装饰材料;地面应考虑防滑耐磨、耐水性好的材料;厨房、卫生间应选用耐水性好、抗渗性好、不易发霉、易擦洗的建筑装饰材料。

3.3 装饰效果要求

建筑装饰材料的质感、形态、色彩、光泽、纹理等是体现装饰效果的主要因素。不同的设计风格应使用不同的建筑装饰材料,如要营造田园风格,应选竹、木、石等天然的建筑装饰材料;要体现中式传统风格,可选用深红色或黑色的实木材料。

3.4 经济性要求

建筑装饰的费用占建设项目总投资的比例往往高达 $1/3 \sim 1/2$,因此,需要充分考虑材料的经济性,应有一个总体的观念,不但要考虑一次性投资,也应考虑维修费用;既要考虑目前的要求,又要为以后的装饰变化留有余地。例如,在某些城市高层建筑的外墙采用了保温隔热性能优越的热反射玻璃幕墙,尽管这些玻璃幕墙的一次性投资较大,但由于采用这类玻璃幕墙后能减少室内采暖或制冷的空调费用,在大楼使用数年内,节约能源的费用与使用幕墙的投资增加额相当。因此,从长远运行的角度来看,使用以一次性投资较大的热反射玻璃幕墙是经济合理的。

3.5 环境保护要求

安全环保是材料选择的第一原则。建筑装饰材料是否具有环保性,有以下几个要求:低排放、不会产生有害辐射、不会发生霉变锈蚀、遇火不会产生有害气体。

学习单元4 建筑装饰材料的发展

随着我国经济的发展,装饰行业也相继涌现出各式各样的新型装饰材料。除产品的多品种、多规格、多质量、多性能、多档次、多数量、多花色等常规观念的发展外,利于节约资源的装饰材料也大量涌现。装饰材料的革新势不可挡,它将促进装饰行业向着高科技、低能耗、绿色环保、现代化方向发展,近些年的装饰材料有如下一些发展特点。

4.1 向质量轻、强度高发展

由于现代建筑向高层发展,对材料的密度有了新的要求。从装饰材料的用材方面看,越来越多地应用如铝合金的轻质高强材料;从工艺方面看,采取中空、夹层、蜂窝状等形式制造轻质高强的装饰材料。另外,采用高强度纤维或聚合物与普通材料复合,也是提高装饰材料强度而降低其质量的方法。

4.2　向多功能性发展

随着市场需求的不断升级，过去单一的装饰材料已经逐渐被多功能性的材料所取代。例如，近些年发展极快的镀膜玻璃、中空玻璃、夹层玻璃、热反射玻璃，不仅调节了室内光线，也配合了室内的空气调节，节约了能源。各种发泡型、泡沫型吸声板乃至吸声涂料，不仅装饰了室内，还降低了噪声。

4.3　向工业化发展

过去的室内装饰工程绝大部分工程量都是现场制作安装的，现在部分装饰材料开始进入工业化生产阶段，现场直接安装即可，并能实现生产及施工标准化。如厨柜、衣柜等都是工厂生产，现场安装。

4.4　向绿色环保型发展

现代装饰材料提倡环境保护和生态平衡，是材料在生产和使用过程中，尽量节省资源和能源，符合可持续发展的原则。绿色建材的定义围绕原料采用、产品制造、使用和废弃物处理四个环节，并实现对地球环境负荷最小和有利于人类健康两大目标，达到"健康、环保、安全及质量优良"四个目的。

模块小结

绪论中介绍了建筑装饰材料的分类、性质、选用原则及发展趋势。

建筑装饰材料的品种繁多，基本性能也千差万别，常见的分类可以按照化学成分、装饰部位和燃烧性能分类。

材料的性能是评定、选择和使用材料的基本要求与标准，由于材料的使用范围、装饰效果和种类不同，对其性能的要求就有不同。因此，在要充分考虑材料的装饰性能及其技术性能，并结合装修环境、装饰效果、遵循经济、环保等原则进行合理选材。

我国建筑装饰材料近些年在向质量轻、强度高，多功能性，工业化及绿色环保方向发展。

思考与练习

1. 建筑装饰材料是怎样进行分类的？
2. 材料的孔隙率对其密度、吸水性、强度、导热性有什么样的影响？
3. 什么是材料的平衡含水率？
4. 什么是材料的耐久性？影响材料耐久性的因素有哪些？
5. 装饰材料在选用上应遵循哪些原则？

模块一　墙面装饰材料

教学目标 ▶▶▶

知识目标	基于墙面装饰构造层次分为骨架材料、基层材料、面层材料及门窗材料几部分，了解各类常见墙面装饰材料的性能、规格
技能目标	掌握各类墙面材料的特性，并能根据不同装饰效果和功能要求合理选择适合的墙面装饰材料
素养目标	通过了解中国木材榫卯结构，掌握木材的性质、特点和应用，加强民族自豪感和专业认同感；掌握陶瓷制品的工艺、分类等基本知识，加强对中国传统文化的了解与认知

▶▶ 学习单元 1　墙面骨架材料

1.1　木骨架

木材在建筑结构、装饰上应用已有悠久的历史，在世界建筑中独树一帜，其古朴、典雅的装饰效果，在现代建筑装饰中也能为我们创造了一个个自然美的生活空间。

木材作为建筑装饰材料具有许多优良的性能：具有天然的色泽和美丽的花纹，装饰性强且容易着色和油漆；具有绝缘性，对电、热的传导性极小，既保温又绝缘；木材经过化学和塑料渗透辐射线固化处理改性后具有很好的耐湿防水与防腐性能，且有极高的强度；有一定硬度，又具有一定的可塑性，容易接受各种刨削和机械加工；易于连接，用胶或钉、螺钉及榫都很容易牢固地相互连接。

1.1.1　木材按树种分类

木材是由树木加工而成的，树木由于气候条件的差异，树的种类很多，但总体上从树叶的外观形状可将其分为阔叶材和针叶材两大类，如图 1-1、图 1-2、表 1-1 所示。

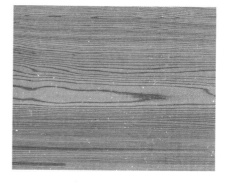

图 1-1　阔叶材　　　　　　　　　　　　　图 1-2　针叶材

表 1-1　针叶材与阔叶材特点、用途、树种

种类	特点	用途	树种
针叶材（软木材）	大部分为常绿树，其树干直而高大，纹理顺直，木质较软，易加工。其表观密度小，强度较高，胀缩变形小	建筑工程中的主要用材、木制包装、桥梁、家具、造船、电杆、坑木、枕木、桩木、机械模型等	杉木、红松、白松、黄花松、马尾松、落叶松、柏木等
阔叶材（硬木材）	大多数为落叶树，树叶宽大呈片状，树干通直部分较短，木材较硬，加工比较困难。其表观密度较大，易胀缩、翘曲、开裂	常用作室内装饰、次要承重构件、胶合板等建筑工程	胡桃木、柚木、桦木、榆木、水曲柳等

1.1.2　木材的主要性质

1. 密度

由于木材的分子结构基本相同，因此木材的密度接近，木材的密度平均约为 $1.55 \ \text{g/cm}^3$。

2. 含水率

木材的含水率是指木材中所含水分的质量占木材干燥质量的百分数。木材细胞壁内吸附水达到饱和状态，而细胞腔和细胞间隙中没有自由水时的含水率，称为纤维饱和点。木材的纤维饱和点因树种而异，一般为 $25\%\sim35\%$，平均为 30%。木材的纤维饱和点是木材物理力学性质发生变化的转折点。木材的含水率在纤维饱和点以上变化时，木材的形体、强度、电、热性质等几乎不受影响；反之，当木材含水率在纤维饱和点以下变化时，上述木材性质就会因含水率的增减产生显著而有规律的变化。

木材在大气中吸收或蒸发水分，与周围空气的相对湿度和温度相适应而达到恒定的含水率，称为平衡含水率。平衡含水率随地区、季节及气候等因素而变化，为 $10\%\sim18\%$。木材在进行干燥时必须使其终含水率低于使用环境平衡含水率 $2\%\sim3\%$ 才能保证木材制品的使用质量。例如，内蒙古地区的年平衡含水率是 10% 左右，那么用于内蒙古地区使用的木材制品的最终含水率要达到 $7\%\sim8\%$，才不至于使木材制品出现开裂变形的缺陷。

3. 干缩与湿胀

当木材从潮湿状态干燥至纤维饱和点时，其尺寸并不改变，当干燥到纤维饱和点以下时木材发生收缩；反之，干燥木材吸湿后发生膨胀，达到纤维饱和点，木材的含水率增大也不膨胀。木材的含水率高于纤维饱和点时，含水率的变化并不会使木材产生干缩和湿胀。

4. 力学强度

木材的强度根据受力状态可分为抗拉强度、抗压强度、抗弯强度和抗剪强度四种，如图 1-3 所示。

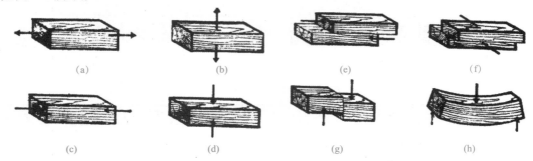

图 1-3 木材的受力状态

(a)顺纹受拉；(b)横纹受拉；(c)顺纹受压；(d)横纹受压；
(e)顺纹受剪；(f)横纹受剪；(g)横截木纹受剪；(h)横向受弯

由于木材具有特殊的构造特征，致使各向强度有差异，其抗拉强度、抗压强度、抗剪强度有顺纹强度(作用力方向与纤维方向平行)和横纹强度(作用力方向与纤维方向垂直)之分。木材理论上各强度大小关系见表 1-2。

表 1-2 木材力学强度间关系

抗压		抗拉		抗剪		抗弯	
顺纹	横纹	顺纹	横纹	顺纹	横纹	顺纹	横纹
1	1/10~1/3	2~3	1/20~1/3	1/7~1/3	1/2~1	1.5~2	1.5~2

1.1.3 木龙骨

木龙骨是家庭装修中最为常用的骨架材料，被广泛地应用于吊顶、隔墙、实木地板骨架制作中，也称为木方。其主要由松木、椴木、杉木等木材进行烘干刨光加工成截面长方形或正方形的木条，它容易造型，握钉力强、易于安装，特别适合与其他木制品的连接，其缺点是不防潮，容易变形，不防火，可能生虫发霉等，因此要根据使用部位进行必要的防火、防蛀、防潮等处理。

木龙骨一般规格是 4 m 长，吊顶的木龙骨采用松木较多，截面尺寸有 2 cm×3 cm、3 cm×4 cm、3 cm×5 cm、4 cm×6 cm 等规格，室内隔墙主龙骨截面尺寸有 5 cm×7 cm 或 6 cm×8 cm，而次龙骨截面尺寸多为 4 cm×6 cm 或 5 cm×5 cm，用于实木地面铺设的龙骨截面尺寸为 3 cm×4 cm，如图 1-4 所示。

图 1-4 木龙骨

1.2　轻钢龙骨

轻钢龙骨是以冷轧钢板(钢带)、镀锌钢板(钢带)或彩色涂层钢板为原料,采用冷弯工艺生产的薄壁型钢,经组合装配而成的金属骨架,如图1-5所示。

图 1-5　轻钢龙骨

1.2.1　轻钢龙骨的特点

(1)自重轻。轻钢龙骨板材的厚度为 $0.5\sim1.5$ mm,吊顶轻钢龙骨质量为 $3\sim4$ kg/m²,隔墙轻钢龙骨质量为 5 kg/m²。

(2)防火性能好。轻钢龙骨具有良好的防火性质,是优于木龙骨的主要特点。与耐火石膏板共同作用,其耐火极限可达 1 h,可以满足有关建筑设计防火规范的要求。

(3)抗震性能好。轻钢龙骨采用的是韧性好的低碳钢,且各构件之间采用吊、挂、卡等连接方式,可吸收较多的变形能量,具有良好的抗震性能。

(4)结构安全。轻钢龙骨虽然薄、轻,但由于采用了异型断面,所以弯曲刚度大,挠曲变形小,结构安全可靠。

(5)施工方便,便于改拆,便于空间布置。

1.2.2　轻钢龙骨的分类和标记

1. 分类

轻钢龙骨按用途可分为吊顶龙骨(代号 D)和墙体(代号 Q);按断面形式可分为 C形、T形、L形和 U形。其中,C形主要用于隔墙,其他多用于吊顶。

2. 标记

轻钢龙骨的标记顺序依次为产品名称、代号、断面形状、宽度、高度、厚度和标准号。如断面形状为 C 形,宽度为 50 mm、高度为 15 mm、厚度为 1.5 mm 的吊顶龙骨标记:建筑用轻钢龙骨 DC50×15×1.5,GB/T 11981—2008。

学习单元2　墙面木质基层材料

在墙面中常用各种人造板材作为基层材料,人造板材是利用木材加工过程中剩余的边皮、碎料、刨花、木屑等废料，进行加工处理而制成的板材，它提高了木材的利用率，是对木材进行综合利用的主要途径。

2.1 胶合板

胶合板是用原木旋切成薄片，再用胶粘剂按奇数层，以各层纤维互相垂直的方向，粘合热压而成的人造板材，由表板、中心层和芯板组成。胶合板的最高层数为 15 层，装饰工程中常用的是三层板和五层板，如图 1-6 所示。

视频：胶合板

图 1-6 胶合板

2.1.1 胶合板的分类

胶合板按性能可分为阻燃胶合板、普通胶合板、特种胶合板，见表 1-3。

表 1-3 胶合板按性能分类

分类		特性
阻燃胶合板		单板经阻燃处理，采用阻燃胶粘剂，燃烧性达到 B1 级难燃标准，用于防火要求较高的场合，如娱乐场、歌舞厅等
普通胶合板	Ⅰ类耐气候胶合板	有耐久、耐煮沸或蒸汽处理和抗菌性，以酚醛树脂或其他性能相当的胶粘剂制成，用于室外工程
	Ⅱ类耐冷胶合板	可在冷水中浸渍，能经受短时间热水浸渍，有抗菌性能，不耐煮；胶粘剂同上
	Ⅲ类耐潮胶合板	能耐短期冷水浸渍，采用低树脂含量的脲醛树脂胶、血胶或其他性能相当的胶粘剂制成，用于室内常态下装修
	Ⅳ类不耐潮胶合板	以豆胶或其他性能相当的胶粘剂制成，用于室内常态下使用
特种胶合板		用于特殊用途的场合，如防辐射、混凝土模板等

2.1.2 胶合板的规格

胶合板按层数可分为三夹（合）板、五夹（合）板。当板材厚度超过 5 mm 时，一般用厚度代替层数，如七厘板（厚度 7 mm）。薄木层数不同最后形成的胶合板厚度有很大的区别，一般分为 2.7 mm、3 mm、5 mm、9 mm、12 mm、15 mm、18 mm 等常见规格。胶合板的幅面尺寸见表 1-4，最常见的是 2 440 mm×1 220 mm。

宽度	长度				
	915	1 220	1 830	2 135	2 440
915	915	1 220	1 830	2 135	—
1 220	—	1 220	1 830	2 135	2 440

2.1.3　胶合板的特点与应用

胶合板幅面较大、平整易加工、材质均匀、不翘不裂、收缩性小，尤其是板面具有美丽的木纹，自然、真实，是较好的装饰板材之一。其适用建筑室内的墙面装饰，设计和施工时采取一定手法可获得线条明朗、凹凸有致的效果。胶合板广泛应用于家具制造方面，如橱、柜、桌、椅等；室内装修方面，如顶棚、隔墙、墙裙；工程建筑中的模板、建筑构件。

2.1.4　胶合板的质量要求

普通胶合板质量应符合《普通胶合板》(GB/T 9846—2015)的规定。产品等级可分为优等品、一等品和合格品。室内用胶合板甲醛释放量限制为 0.124 mg/m³。

2.2　细木工板

细木工板(俗称大芯板、木工板)是具有实木板芯的胶合板，它将原木切割成条，拼接成芯，外贴面材加工而成，其竖向(以芯板材走向区分)抗弯压强度差，但横向抗弯压强度较高，如图 1-7 所示。

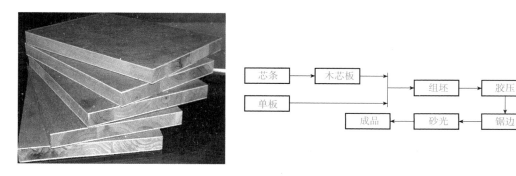

图 1-7　细木工板生产工艺

2.2.1　分类

细木工板不同的分类方式见表 1-5。

表 1-5　细木工板不同的分类方式

分类方式	具体分类	用途
按板芯结构	实心细木工板	用于面积大、承载力相对较大的装饰、装修
	空心细木工板	用于面积大而承载小的装饰、装修
按使用的胶粘剂	室外用细木工板	室外装饰装修
	室内用细木工板	室内装饰装修

2.2.2　细木工板的规格

常用细木工板厚度为 12、14、16、19、22、25（mm），具体尺寸规格及技术性能要求见表 1-6。

表 1-6　细木工板规格与技术性能

规格	长度/mm						宽度/mm	厚度/mm
	915	**1 220**	**1 520**	**1 830**	**2 135**	**2 440**		
	915	—	—	1 830	2 135	—	915	16/19
	—	1 220	—	1 830	2 135	2 440	1 220	22/25
技术性能	含水率：（10±3）%							
	静曲强度：厚度为 16 mm，不低于 15 MPa；厚度小于 16 mm，不低于 12 MPa							
	胶层剪切强度不低于 1 MPa							

2.2.3　细木工板的特点与应用

细木工板具有天然木材纹理美观，强度高，握钉力强，不变形、吸声、绝热等特性。它适合制作高档柜类、门窗、隔断、假墙、暖气罩、窗帘盒等。通常门套、窗套多用 12 mm 厚的，家具用 18 mm 厚的细木工板。因其比实木板材稳定性强，但怕潮湿，施工中应注意避免用于厨卫。

2.3　刨花板

刨花板又称碎料板，是用木质碎料为主要原料，施加胶合材料，添加剂经压制而成的薄型板的统称。

2.3.1　分类

（1）刨花板的加压方法有平压法、挤压法、辊压法、模压法。

（2）刨花板按产品结构可分为单层、多层（三、五、七）、渐变、定向、华夫板、空心。挤压法一次加工成的管状空心结构、瓦楞状空心结构；平压法刨花板等。

（3）刨花板按产品密度可分为低密度刨花板、中密度刨花板、高密度刨花板。

（4）刨花板按使用的胶结材料可分为脲醛树脂刨花板、水泥刨花板、石膏刨花板等。

2.3.2　刨花板的规格

刨花板的规格较多，幅面尺寸多为 915 mm×1 830 mm、1 000 mm×2 000 mm、1 220 mm×2 440 mm、1 220 mm×1 220 mm，厚度多为 4、8、10、12、14、16、19、22、25、30（mm）。

2.3.3　刨花板的特点与应用

刨花板整体较为松软，握钉力不强，是一种低档板材，一般不宜作为家具底衬，也不能用于制作门窗套。其一般主要用作绝热、吸声材料，用于地板的基层（图 1-8）。

（a） （b） （c）

图 1-8 刨花板

(a)石膏刨花板；(b)多层刨花板；(c)水泥刨花板

2.4 纤维板

纤维板是以木材、竹材或农作物秸秆等为主要材料，经削片、纤维分离、板胚成型，在压力和热的作用下，使纤维素、半纤维素和木质素塑化制成的一种板材，如图 1-9 所示。

图 1-9 纤维板

纤维板按纤维的密度可分为高密度纤维板、中密度纤维板和低密度纤维板。

2.4.1 高密度纤维板

高密度纤维板也称硬质纤维板，其强度高、耐磨、不易变形，可用于建筑、车辆、船舶、墙壁、地面、家具等。硬质纤维板的幅面尺寸有 610 mm×1 220 mm、915 mm×1 830 mm、1 000 mm×2 000 mm、915 mm×2 135 mm、1 220 mm×1 830 mm、1 220 mm×2 440 mm、厚度为 2.50、3.00、3.20、4.00、5.00(mm)。硬质纤维板按其物理力学性能和外观质量可分为特级、一级、二级、三级四个等级。

2.4.2 中密度纤维板

中密度纤维板可分为 80 型(0.80 g/cm³)、70 型(0.70 g/cm³)、60 型(0.60 g/cm³)。其密度适中，强度较高，结构均匀，易加工，广泛用于家具、建筑、民用电器等。中密度纤维板的长度为 1 830、2 135、2 440(mm)，宽度为 1 220 mm，厚度为 10、12、15(16)、18(19)、21、24(25)(mm)等。中密度纤维板按外观质量可分为特级品、一级品、二级品三个等级。

2.4.3　低密度纤维板

低密度纤维板（<0.40 g/cm³）的结构松软，故强度低，但吸声性和保温性好，主要用于吊顶等。

2.5　木丝板

木丝板是用选定种类的晾干木料刨成细长木丝，经化学浸渍稳定处理后，木丝表面浸有水泥浆再加压成水泥木丝板，又称万利板。木丝板是纤维吸声材料中的一种有相当于开孔结构的硬质板，具有吸声、隔热、防潮、防火、防长菌、防虫害和防结露等特点，如图 1-10 所示。

图 1-10　木丝板

2.6　欧松板

欧松板也称定向结构刨花板，原料主要为软针、阔叶树材的小径木、速生材等，欧松板甲醛释放量几乎为零，远低于其他板材，属于绿色环保建材，广泛应用于装饰、家具、包装等领域，是细木工板、胶合板的升级换代产品，如图 1-11 所示。

图 1-11　欧松板

2.7 三聚氰胺板

三聚氰胺板(图1-12)全称三聚氰胺浸渍胶膜纸饰面人造板，是将带有纹理的装饰纸放入三聚氰胺胶粘剂中浸泡，然后干燥到一定固化程度，将其铺装在刨花板、细木工板、密度板表面热压而成的。三聚氰胺板质轻、防霉、防火、耐热、抗震、易清理、可再生，用它制作的家具不用再次上漆，所以，行业内人士又称它为生态板或免漆板，主要用来制作厨柜和家具。

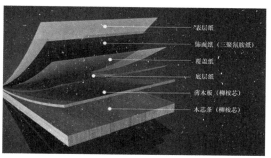

表层纸
饰面纸（三聚氰胺纸）
覆盖纸
底层纸
薄木板（椴桉芯）
木芯条（椴桉芯）

图1-12 三聚氰胺板

发展·创新·升级——助力中国人造板材产业完成飞跃

中国人造板产业的发展与变迁

中国人造板工业最早出现于1920年，但直到1949年，全国也只有几家小型胶合板厂。新中国成立以后，人造板工业得到迅速发展，特别是改革开放以来，我国经济的快速发展引起全球瞩目，成为世界经济史上的奇迹，我国人造板产业在国家改革开放中获得了前所未有的发展机遇，从计划经济走向市场经济，经历了从无到有、从小到大、从弱到强，企业规模不断扩大，产品种类不断增加，技术装备水平和产品质量不断提高，由传统加工业向现代工业产生根本性转变，推动我国成为世界人造板生产、消费和国际贸易第一大国。我国人造板产业的四次飞跃如下。

·1978—1990年：我国人造板产业由计划经济向市场经济转变的转型期

1984年制造出年产5万立方米刨花板生产线设备，使我国人造板装备的设计制造水平产生了质的飞跃。20世纪80年代中期，我国发明的无卡轴旋切机将胶合板旋切木芯由70 mm降低到20 mm，大大提高了单板的出材率，胶合板产量大幅提升，全国人造板年产量从62.5万立方米增长到245万立方米。

·1991—2000年：人造板产业发展的黄金十年

20世纪90年代中期，经过多年技术改进和发展提高，国产中纤板成套设备已基本满足国内市场的需求，彻底改变了人造板进口成套设备"一统天下"的局面。2000年，我国人造板产量突破2 000万立方米，达到10年前的8.2倍，这10年是人造板产业发展的黄金十年。

- **2001—2010 年：中国成为世界人造板生产、消费和贸易第一大国**

2003 年人造板连续辊压线实现国产化，2008 年连续平压线实现国产化。随着房地产及下游家居产业的市场拉动，人造板行业得到超常规的快速发展。到 2010 年，我国人造板企业多达 1 万家，人造板产量超过 1.5 亿立方米，占全球人造板产量的 40％。短短几年，我国已成为世界人造板生产、消费和贸易第一大国。

- **2011—2018 年：人造板工业跨入 3.0 时代**

2012 年世界经济进入后金融危机时代，中国经济由高速增长转为中高速增长，生存与发展的压力不断加大，创新升级成为人造板企业生存发展的必经之路。

2013 年年底，人造板企业通过加强技术创新、管理创新、产品创新、商业模式创新等提高全要素生产率，在淘汰落后产能的同时，开发新产品，呈现出从价值产业链中低端向高端迈进、由传统产业向新兴产业调整的趋势。一批拥有知名品牌和核心竞争力的大中型人造板企业，引领产业链上下游企业分工整合共赢，企业集群开始涌现，跨入人造板工业 3.0 时代。

人造板产业的强劲发展，为社会提供了大量质优、价低的原材料，有效地解决了林区"三剩"资源的循环利用，带动了上、下游相关产业的高速发展，使我国在地板、家具、木门、音箱、木制玩具和工艺品、室内装饰、胶粘剂、装饰纸及木工机械等行业也都成为世界生产大国。

历经 40 多年的高速发展，我国人造板行业已经形成雄厚的产业基础、完善的产业链、叫得响的名牌产品、优秀的企业家、成熟的人才队伍，这些将为人造板行业在新时代创新发展奠定良好基础，并推动人造板行业持续、稳步、健康发展。

》》》学习单元 3　墙面面层材料

3.1　墙面装饰陶瓷

在墙面装饰工程中，陶瓷是使用较多的装饰材料之一。其主要包括各类内墙釉面砖、外墙砖和陶瓷马赛克等。陶瓷具有耐火、耐水、耐磨、耐腐蚀、易清洗、易于施工的性能，因此被广泛应用。

3.1.1　陶瓷的分类

陶瓷是指以黏土为主要原料，经过原料处理、成型、焙烧而成的无机非金属材料。根据原料成分与工艺的区别，陶瓷可分为陶质制品、瓷质制品、炻质制品三大类。

1. 陶质制品

陶质制品主要以陶土、砂土为原料配以少量的瓷土或熟料等经 1 000 ℃的温度烧制而成。陶为多孔结构，通常吸水率较大、强度低，抗冻性较差，断面粗糙无光、敲击时声音喑哑、外表可施釉处理。根据原料土杂质含量不同，可分为粗陶和精陶两种。粗陶的坯

视频："瓷母"——集各朝代烧造技艺大成者

料由含杂质较多的砂黏土组成，表面不施釉，建筑上用的黏土砖、瓦及日用缸器均属于粗陶；建筑饰面用的釉面内墙砖及卫生洁具等为精陶，如图 1-13 所示。

图 1-13　精陶制品的应用

2. 瓷质制品

瓷质制品是主要原料经过 1 300 ℃～1 400 ℃的温度烧制而成的。结构致密，基本不吸水，色洁白，强度高，耐磨，具有一定的半透明性，表面施釉。瓷质制品也可分为粗瓷和细瓷，日用餐茶具、陈设瓷、工业用瓷等均属于细瓷，一些玻化砖、陶瓷马赛克属于粗瓷；吸水率极低，如图 1-14 所示。

3. 炻质制品

介于陶质与瓷质之间的一类陶瓷制品就是炻器，也称半瓷。炻与陶的区别在于陶的坯体多孔，而炻的结构比陶质致密，吸水率小。炻与瓷的区别主要是瓷的坯体更致密，炻的吸水率大于瓷。炻可分为粗炻和细炻。粗炻是指建筑装饰上用的外墙面砖、地砖及陶瓷马赛克；细炻多为日用器皿、陈列用品等，如驰名中外的宜兴紫砂是一种不施釉的有色细炻制品，如图 1-15 所示。

图 1-14　瓷质制品的应用　　　　　图 1-15　宜兴紫砂陶瓷的应用

中华优秀传统——陶瓷文化

中国的陶瓷文化

在中国，制陶技艺的产生可追溯到公元前 4500 年至前 2500 年的时代，可以说，中华民族发展史中的一个重要组成部分是陶瓷发展史，中国人在科学技术上的成果及对美的追求与塑造，在许多方面都是通过陶瓷制作来体现的，并形成各时代非常典型的技术与艺术特征。早在欧洲掌握制瓷技术之前 1 000 多年，中国已能制造出相当精美的瓷器。

从以彩陶来标志其发展的仰韶文化到秦砖汉瓦，再到唐朝三彩釉的诞生，中国的陶瓷工艺技术改进巨大。宋代开始对欧洲及南洋诸国大量输出陶瓷产品。以钧、汝、官、哥、定为代表的众多有各自特色的名窑在全国各地兴起，产品颜色品种日趋丰富；元朝时期景德镇开始成为中国陶瓷产业中心，其名声远扬世界各地，青花瓷自此起兴；明朝时期，景德镇的陶瓷制造业在世界上是最好的，在工艺技术和艺术水平上独占突出地位，尤其是青花瓷达到登峰造极的地步；清朝康熙、雍正、乾隆三代被认为是整个清朝统治下陶瓷业最为辉煌的时期，工艺技术较为复杂的产品多有出现，各种颜色釉及釉上彩异常丰富。民国初期，军阀袁世凯企图复辟帝制，曾特制了一批"洪宪"年号款识的瓷器，这批瓷器技术精英，以粉彩为主。

陶瓷艺术装饰是中国优秀文化之中的重要组成部分，也是我国民族的宝贵财富。中国瓷器，从隋唐时期便开始向外域流传，宋、元、明、清各代，瓷器都作为重要的商品行销全国，走向世界，陶瓷艺术装饰品作为商品在流通的同时，也在不断地传播中国的陶瓷文化，促进了中国文化的发展，所以中国素有"瓷国"之称，誉满全球。制瓷工艺代代都有传承和创新，中国生产的各具特色的陶瓷，对满足人民的生活和审美需要，以及对外经济、文化交流都起着重要的作用。

3.1.2 陶瓷的表面装饰

陶瓷的表面装饰是陶瓷制品进行艺术加工的重要手段，能大大提高其外观效果，同时，对陶瓷本身也能起到一定的保护作用，从而把制品的实用性和艺术性有机结合起来。

1. 釉

釉是覆盖在陶瓷胚体表面玻璃质层。它使得陶瓷制品表面密实，具有玻璃一般的光泽和透明性，不吸水、抗腐蚀、易清洗，同时，对釉层下的图案起透视及保护作用，防止材料中的有毒元素溶出。

2. 彩绘

彩绘在陶瓷表面绘制彩色图案花纹，分为釉上彩绘、釉下彩绘。釉下彩绘是在生胚上进行彩绘，然后施一层透明釉，最后进行釉烧而成，如青花瓷是我国著名的釉下彩绘制品，如图 1-16 所示。

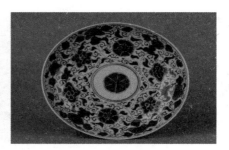

图 1-16　彩绘的应用

3.1.3 釉面内墙砖

釉面内墙砖又称瓷砖、瓷片或釉面陶土砖，简称釉面砖。釉面砖具有许多优良性能：强度高，表面光亮，防潮易清洗，耐腐蚀，变形小，热稳定性能良好。

1. 种类和规格

釉面砖按釉面颜色可分为单色（含白色）砖、花色砖、图案砖等；按形状可分为正方形砖、长方形砖及异形配件砖等。为增强与基层的粘结力，砖的背面均有凹槽纹，背纹深度一般不小于0.2 mm（表1-7、图1-17）。

表 1-7 釉面砖的主要种类及其特点

种类		特点
白色釉面砖		色纯白，釉面光亮、清洁大方
彩色釉面砖	有光彩色釉面砖	釉面光亮晶莹，色彩丰富雅致
	无光彩色釉面砖	釉面半无光，不晃眼，色泽一致，柔和
装饰釉面砖	花釉砖	在同一砖上施以多种彩釉经高温烧成；色釉互相渗透，花纹千姿百态，装饰效果良好
	结晶釉砖	晶花辉映，纹理多姿
	斑纹釉砖	斑纹釉面，丰富生动
	仿大理石釉砖	具有天然大理石花纹，颜色丰富，美观大方
字画釉面砖	瓷砖画	以各种釉面砖拼成各种次转化，或者根据已有画稿烧制成釉面砖，拼装成各种瓷砖画；清晰美观，永不褪色
	色釉陶瓷字	以各种色釉、瓷土烧制而成；色彩丰富，光亮美观，永不褪色
图案砖	色地图案砖	在有光或无光的彩色釉面砖上装饰各种图案，并经高温烧成，具有浮雕、缎光、绒毛、彩漆等效果
	白色图案砖	在白色釉面砖上装饰各种图案并经高温烧成，纹理清晰

　　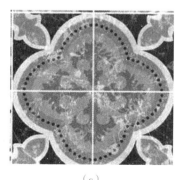

（a）　　　　　　　　（b）　　　　　　　　（c）

图 1-17 釉面内墙砖品种

（a）白色釉面砖；（b）花色釉面砖；（c）图案釉面砖

釉面砖的尺寸规格很多，高档墙面砖还配有相当规格的腰线砖踢脚线砖、顶脚线砖等（表1-8）。

表 1-8　釉面砖的常用规格　　　　　　　　　　　　　　　　　　　mm

长	宽	厚	长	宽	厚
300	150	5	110	110	4
300	200	5	152	152	4
300	200	4	108	108	4
300	150	4	152	75	4
200	200	5	200	200	4
300	200	6	200	200	5

2. 特点及应用

釉面砖具有很多良好的性能，不仅色泽柔和、表面光亮、色彩和图案丰富生动，同时具有防水、防潮、耐污、耐腐蚀、易清洗，有一定的抗急冷急热性能。因此，有很好的装饰效果，常用于实验室、精密仪器车间、医院、游泳池，或是厨房、浴室、卫生间等场所的室内墙面和台面的饰面材料，例如，用于厨房墙面装饰的釉面砖，不仅易于清洗，而且还兼有防火功能。

由于釉面砖属于多孔精陶制品，吸水率大，而在室外会受到湿度、温度影响，以及日晒雨淋的作用。因为釉面层结构致密、吸湿膨胀系数小，当胚体吸水后会产生膨胀，使釉面处于张应力状态导致釉层开裂，当釉面砖发生冻融循环现象时，釉层开裂更为严重，故不适宜在室外装饰中使用。

3.1.4　陶瓷马赛克

陶瓷马赛克采用优质瓷土烧制而成，可上釉或不上釉，我国的产品一般不上釉。通常是由各种颜色、多种几何形状的小块瓷片铺贴在牛皮纸上形成色彩丰富、图案繁多的装饰砖上，故又称纸皮砖，所形成的一张张的产品称为"联"。

1. 规格

目前，陶瓷马赛克经过现代工艺的打造，在色彩、质地、规格上都呈现出多元化的发展趋势，而且品质优良。陶瓷马赛克的规格较小，直接铺贴困难，因此，先铺贴在牛皮纸上，所形成的每张产品称为"联"。陶瓷马赛克是由各种不同规格的数块小瓷砖粘贴在牛皮纸上或尼龙丝网上拼接成"联"构成的。单块规格有 20 mm×20 mm、25 mm×25 mm、30 mm×30 mm，厚度为 4～4.3 mm。常见的形状有正方形、长方形、对角、六角、半八角和长条对角等。单联的边长有 284.0 mm、295.0 mm、305.0 mm、325.0 mm四种，每 40 张为一箱。

2. 特点及应用

陶瓷马赛克质地坚实、吸水率极小，耐酸、耐碱、耐火、抗急冷急热、色彩鲜艳、可拼出风景、动物、花草及各种抽象图案。陶瓷马赛克施工方便，通常在室内装饰中，适用浴厕、厨房、阳台、客厅等处的地面或墙面；在室外建筑装饰中，也被广泛用于外墙面、地面装饰，如图 1-18 所示。

图 1-18　陶瓷马赛克的应用

3.1.5　劈离砖

劈离砖的名称源于制造方法，是将一定配合比的原料经粉碎、真空挤压成型、干燥、高温烧结而成的，由于成型时双砖背联坯体，烧成后再劈离成两块砖。其抗压强度高，吸水率小，耐酸碱性，表面硬度大，性能稳定，色彩多种多样，有红、黄、青、白、褐五大色系，表面质感也变幻多样。表面施釉的光泽晶莹，富丽堂皇，无釉的古朴大方，纹理表现力强，无眩光。

视频：常见墙面
陶瓷饰面材料
的识别与选用

劈离砖的墙砖规格主要有 240 mm×52 mm、240 mm×115 mm、240 mm×71 mm、200 mm×100 mm，劈离后单块厚度为 11 mm。地砖规格主要有 240 mm×240 mm、300 mm×300 mm、200 mm×200 mm 等，劈离后单块厚度为 14 mm。劈离砖主要用于建筑内外墙装饰，也适用车站、机场、餐厅等场所的室内地面铺贴材料。厚型砖也可适用花园、广场等场所的地面铺设，形态古朴典雅，如图 1-19 所示。

图 1-19　劈离砖的应用

3.2　墙面装饰涂料

涂料是指涂于物体表面能很好地粘结形成完整保护膜，同时具有防护、装饰、防锈、防腐、防水功能的物质。涂料涂于物体表面，可改变被涂物体的花纹、颜色、纹理、光泽度、质感，对被涂物体起到装饰作用，延长被涂物体的使用寿命。近年来，涂料的质量在国家的严格控制下提高迅速，并在高分子科学的带动下不断推出性能出众的产品，在装饰材料市场中占有重要的地位，称为新产品、新工艺、新技术最多的，发展最快的建筑装饰材料之一。

3.2.1 涂料的组成

按涂料中各组分所起的作用，涂料可分为主要成膜物质、次要成膜物质和辅助成膜物质三部分。

1. 主要成膜物质

主要成膜物质又称胶粘剂，是组成涂料的基础，它的作用是将涂料中的其他组分粘结或附着在被涂基材的表面，形成均匀连续而坚韧的保护膜。它决定了涂料的主要性能，如涂膜的硬度、柔性、耐磨性、耐冲击性、耐水性、耐热性、耐候性及其他物理化学性能。

常用的主要成膜物质大体可分为三大类：一类是油脂，包括各种油（如桐油、亚麻油）和半干性油（如豆油、向日葵油）；另外两类是树脂，分别为天然树脂（如虫胶、松香）和合成树脂（如酚醛树脂、环氧树脂、聚乙烯醇、过氧乙烯树脂、丙烯酸树脂等）。为满足涂料的多种性能要求，可以在一种涂料中采用多种树脂配合或与油料配合。

2. 次要成膜物质

次要成膜物质也是构成涂膜的重要组成部分，但它不能离开主要成膜物质单独构成涂膜。涂料中没有次要成膜物质也可以形成涂膜，但是有了它们可以使涂膜的性能得到改善，这种成分就是涂料中使用的颜料。颜料不仅能使涂膜具有颜色和遮盖力，掩盖被涂基层的缺陷，美化外观，而且还能增加涂膜的硬度，提高涂膜的机械强度。涂料中颜料根据功能不同可分为着色颜料、防锈颜料和体质颜料三类。

（1）着色颜料。着色颜料在涂料中除赋予涂膜色彩外，还起到使涂膜具有一定的遮盖力及提高涂膜机械强度、减少膜层收缩、提高涂膜抗老化性等作用。建筑涂料中使用的颜料有无机矿物颜料和有机颜料与金属颜料，如氧化铁红、氧化铁黄、氧化铁绿、氧化铁棕、钛白、锌钡白、群青蓝、铝粉、铜粉等。

（2）防锈颜料。防锈颜料的主要功能是防止金属腐蚀、提高漆膜对金属表面的保护作用。防锈颜料的作用可分为物理性防锈和化学性防锈两类。物理性防锈颜料是借助其细密的颗粒填充漆膜结构，提高了漆膜的致密性，起到屏蔽作用，降低漆膜渗透性，从而起到了防锈作用，如氧化铁红、铝粉、玻璃鳞片等。化学缓蚀作用的防锈颜料依靠化学反应改变表面的性质或反应生成物的特性来达到防锈目的。化学缓蚀作用的防锈颜料能与金属表面发生作用（如钝化、磷化），产生新的表面膜层、钝化膜、磷化膜等。

（3）体质颜料。体质颜料又称填料，填料基本不具备着色能力和遮盖能力的无色或白色粉末，主要增加涂膜厚度，减少涂膜收缩，降低涂料成本等作用的物质。

3. 辅助成膜物质

辅助成膜物质包含溶剂和助剂。它虽然不是主要或次要的成膜物质，用量一般又很少。但它对改善涂料的性能、延长储存时间、扩大涂料的应用范围、改进和调节涂料施工的性能、保证涂装品质等方面都起很大的作用。溶剂主要是降低成膜物质的黏稠度，便于施工，得到均匀而连续的涂膜，其最后并不留在干结的涂膜中，而是全部挥发掉了。涂料的辅助成膜物质品种很多，根据它们的功能来划分，主要品种有催干剂、防潮剂、固化剂、紫外线吸收剂、悬浮剂、流平剂和减光剂等。这些辅助成膜物质有些是在涂料制造时就添加到涂料中的，如悬浮剂、紫外线吸收剂等；有些需要根据施工情况进行添加，如防潮剂、流平剂、减光剂等。

（1）催干剂。催干剂是一种能加速涂层干燥的物质，尤其是在冬期施工中涂膜干燥很慢的情况下，加入催干剂后即使环境温度没有变化，干燥时间也会有明显的缩短。

（2）紫外线吸收剂。紫外线吸收剂对阳光中的紫外线有较高的吸收能力，添加在涂料中可减少紫外线对涂膜的损害，防止涂膜粉化、老化和失光等。

（3）悬浮剂。悬浮剂主要用来防止涂料在储存中结块。涂料中加入悬浮剂后，可使涂料稠度增加但松散易调和。

（4）流平剂。流平剂能降低涂料的表面张力，防止缩孔的产生，增加涂膜的流平性能。

（5）减光剂。减光剂具有降低涂膜光泽的作用。有时为了喷涂特殊部位，如塑料保险杠等，需要使涂料产生亚光效果，适量加入减光剂可以达到所需的要求。

3.2.2 建筑涂料的分类

根据国家标准《涂料产品分类和命名》（GB/T 2705—2003）的规定，我国建筑涂料的分类见表1-9。

表 1-9　建筑涂料的分类

主要产品类型		主要成膜物质类型
建筑涂料	墙面涂料 合成树脂乳液内墙涂料 合成树脂乳液外墙涂料 溶剂型外墙涂料 其他墙面涂料	丙烯酸酯类及其改性共聚乳液；醋酸乙烯及其改性共聚乳液；聚氨酯；氟碳等树脂；无机粘合剂
	防水涂料 溶剂型树脂防水涂料 聚合物乳液防水涂料 其他防水涂料	EVA、丙烯酸酯类乳液；聚氨酯、沥青、PVC胶泥或油膏、聚丁二烯等树脂
	地坪涂料 水泥基等非木质地面用涂料	聚氨酯、环氧等树脂
	功能性建筑涂料 防火涂料 防霉（藻）涂料 保温隔热涂料 其他功能性建筑涂料	聚氨酯、环氧、丙烯酸酯类、乙烯类、氟碳等树脂

（1）按使用部位分类：内墙涂料、外墙涂料、地面涂料、家具涂料。
（2）按溶解类型分类：水性涂料（多为乳胶漆）和溶剂型涂料（硝基漆等）。
（3）按使用功能分类：防水漆、防火漆及多功能漆等。

3.2.3 内墙涂料

内墙涂料主要的功能是装饰和保护室内墙面（包括顶棚），使其美观整洁，让人们处于愉悦的居住环境中。内墙涂料应具有色彩丰富、耐水性、耐酸碱性、耐洗刷性良好、耐粉化、透气性好等性能。

1. 水溶性内墙涂料

水溶性涂料由聚乙烯醇溶解在水中，再在其中加入颜料等其他助剂而制成。其具有原料丰富、价格低、工艺简单、无毒、无味、色彩丰富、与基层材料间有一定粘结力等优点，但涂层耐水洗刷性差，不能用湿布擦洗，不耐碱，涂层受潮后容易剥落。主要用于中低档居室住宅及一般公共建筑的内墙与顶棚。

视频：水性涂料

2. 合成树脂乳液内墙涂料

合成树脂乳液内墙涂料也称乳胶漆，是以合成树脂乳液为主要成膜物质，以水为稀释剂，加入着色颜料等经混合、研磨而制得。它是一种施工方便、安全、无毒、耐水性好、透气性好、颜色种类丰富的薄质内墙漆，且良好的附着力可以避免出现裂缝和弥盖细微裂纹。

视频：乳胶漆

3. 多彩内墙涂料

多彩内墙涂料是由不相混溶的连续相和分散相两相组成的。分散相中有两种或两种以上的着色粒子均匀地悬浮，并在其中呈现稳定状态。经一次喷涂即可获得具有多种色彩立体图膜的乳液型内墙涂料。多彩内墙涂料色彩丰富，图案多样，并具有良好的耐水性、耐碱性、耐油性、耐化学腐蚀性及透气性，主要用于住宅、办公室、会议室、商店等建筑的内墙及顶棚，如图 1-20 所示。

4. 壁纸漆

壁纸漆是一种新型艺术涂料，也称液体壁纸，是集壁纸和乳胶漆的特点于一身的环保水性涂料。它通过各类特殊工具和技法配合不同的上色工艺，使墙面产生各种质感纹理和明暗过渡的艺术效果。液体壁纸采用无毒无味的有机胶体、绿色环保、有极强的耐水性和耐酸碱性、不褪色、不起皮、不开裂，确保使用 20 年以上。壁纸漆有印花、滚花、浮雕等系列，花色不仅有单色系列、多色系列，能最大限度上满足不同的装饰需要，如图 1-21 所示。

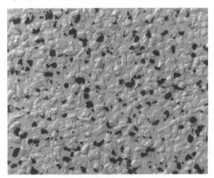

图 1-20　多彩内墙涂料

图 1-21　壁纸漆

5. 真石漆

真石漆是一种装饰效果酷似大理石、花岗石的涂料，主要采用各种颜色的天然石粉配制而成，应用于建筑内外墙的仿石材效果，因此又称液态石。其具有天然真实的自然色泽，给人高雅、庄重之美，特别是在曲面建筑上装饰，同时，具有防火、防水、耐酸碱、不褪色等特点，如图 1-22 所示。

6. 硅藻泥涂料

硅藻泥是以硅藻土为主要原料，添加多种助剂而制成的粉末装饰涂料，采用粉体包装并非液态桶装。其具有消除甲醛、净化空气、调节湿度、释放负氧离子、防火阻燃、墙面自洁、杀菌除臭等功能，用来替代墙纸和乳胶漆，适用别墅、公寓、酒店、家居、医院等内墙装饰，如图1-23所示。

图1-22 真石漆

图1-23 硅藻泥涂料

3.2.4 外墙涂料

外墙涂料是用于涂刷建筑外立墙面的，所以，最重要的一项指标就是抗紫外线照射，要求达到长时间照射不变色，使建筑物的外观整洁美观，起到美化环境的目的。外墙装饰直接暴露在大自然，经受风、雨、日晒的侵袭，故要求涂料有耐水、保色、耐污染、耐老化及良好的附着力，同时，还具有抗冻融性好、成膜温度低的特点。

1. 合成树脂乳液型外墙涂料

合成树脂乳液型外墙涂料是以合成树脂乳液为主要成膜物质的外墙涂料。以水为分散介质，无易燃的有机溶剂，因而不会污染周围环境，不会发生火灾，毒性小，透气性好，施工方便。

2. 合成树脂溶剂型外墙涂料

溶剂型涂料是以有机溶剂为分散介质而制得的建筑涂料。溶剂型涂料具有较高的光泽、硬度、耐水性、耐酸性及良好的耐候性等特点，但施工时有大量易燃的有机物挥发，容易污染环境。

3. 彩色砂壁状涂料

彩色砂壁状涂料又称彩石漆，以合成树脂乳液为主要粘结料，彩石砂砾和石粉为骨料，采用喷涂方法施涂于建筑物外墙形成粗面涂层的厚质涂料。这种涂料质感丰富，色彩鲜艳且不易褪色、变色，而且耐水性、耐气候性优良，如图1-24所示。

4. 外墙氟碳漆

外墙氟碳漆是指氟树脂为主要成膜物质的涂料，由于引入的氟元素电负性大，具有特别优越的性能，如具有超常的耐候性、漆膜不刮落，不褪色，附着力强，抗污能力强，耐化学腐蚀性，适用高层、超高层、别墅等建筑外墙、屋顶、高速公路围栏等建筑及金属表面的涂装，如图1-25所示。

5. 复层外墙漆

复层外墙漆是以水泥、硅溶胶和合成树脂等粘结料及集料为主要原料，用刷涂、喷涂或滚涂的方法，在建筑物表面涂布2~3层，厚度（如为凹凸状，是指凸部厚度）为1~5 mm的凹凸或平状复层建筑涂料，简称复层涂料。复层外墙漆一般由底涂层、主涂层及面涂层组成。底涂层用于封闭基层和增强主涂层涂料的附着力；主涂层用于形成凹凸式平状装饰面；面涂层用于装饰面着色，提高耐候性、耐污染性和防水性等，如图1-26所示。

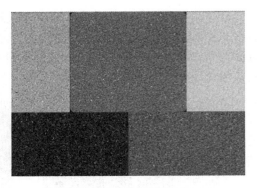

图1-24　彩色砂壁状涂料

图1-25　外墙氟碳漆

3.2.5　功能性涂料

涂料除具有装饰和保护的功能外，还具有如防水、防火等某种特殊的功能，这种涂料称为功能性涂料。

1. 防火涂料

防火涂料又称阻燃涂料，它是一种涂刷在某些易燃材料表面上，能够提高易燃材料的耐火能力，为人们提供一定灭火时间的涂料。根据防火原理，防火涂料可分为非膨胀型防火涂料和膨胀型防火涂料两

图1-26　复层外墙漆

种。非膨胀型防火涂料由不燃或难燃的树脂作为主要成膜物质与难燃剂、防火填料等组成；膨胀型防火涂料是在上述配方基础上加入发泡剂等，在高温和火焰作用下发生膨胀，形成比原涂料厚几十倍的泡沫碳化层，从而阻止高温对基材的损坏作用，其阻燃效果优于非膨胀型防火涂料。

防火涂料通常适用宾馆、娱乐场所、公共场所、医院等建筑的钢结构、木材饰面。

2. 防水涂料

防水涂料是在常温下施涂于建筑基层，固化后形成一层无接缝的防水漆膜，漆膜具

有一定的延伸性、弹塑性、抗裂性、抗渗性及耐候性，能起到防水、防渗和保护作用，容易对基层裂缝、管道根等一些容易渗漏的细节部位进行保护和维修。防水涂料大量运用与建筑屋面、阳台、厕所、浴室、游泳池及外墙墙面等需要防水处理的基层表面，如图 1-27 所示。

3. 防锈涂料

防锈涂料是一种可保护金属表面免受大气、海水等腐蚀的涂料，因为它具有斥水作用，因此能彻底防锈。这类涂料施工方便、无粉尘，漆膜坚韧耐久，附着力强。它适用潮湿地区的金属制品表面涂装，如图 1-28 所示。

图 1-27　防水涂料

图 1-28　防锈涂料

3.3　墙面装饰织物

墙面装饰织物作为内墙装饰材料，独具的触感、柔软舒适的特殊性能，是其他材料所不能替代的，有着其他装饰材料所不具有的优点：艺术性强，款式多，能营造不同的居室风格和品位，施工便捷成本低，易于更换，另外，对吸声也有一定帮助。

3.3.1　织物壁纸

织物壁纸主要用丝、毛、棉、麻等纤维为原料织成的壁纸（壁布），具有色泽高雅、质地柔和的特性。织物壁纸无毒、吸声、透气，有一定的调湿和防止墙面结露发霉的功效，主要有纸基织物壁纸和麻草壁纸两种。

1. 纸基织物壁纸

纸基织物壁纸以棉、麻、毛等天然纤维制成各种色泽、花色和粗细不同的纺线，经特殊工艺处理和巧妙的艺术编排，粘合于纸基上而制成。这种壁纸面层的艺术效果主要通过各色纺线的排列来达成，有的用纺线排出各种花纹，有的有荧光，有的线中夹有金丝、银丝，是壁纸呈现金光点点，同时，还可压制成浮雕绒面图案，如图 1-29所示。

纸基织物壁纸的特点是色彩柔和幽雅，墙面立体感强、吸声效果好、耐日晒、不褪色、无毒无害、无静电、不反光，具有透气性，能调节室内湿度。其适用宾馆、饭店、办公楼、会议室、接待室、疗养院、计算机房、广播室及家庭卧室等室内墙面装饰。

2. 麻草壁纸

麻草壁纸是以纸为基底，以编织的麻草为面层，经复合加工而制成的墙面装饰材料。麻草壁纸具有吸声、阻燃、散潮气、不吸尘、不变形等特点，并具有自然、古朴、粗犷的大自然之美。其适用会议室、接待室、影剧院、酒吧、舞厅及饭店、宾馆的客房等的墙壁贴面装饰，也可用于商店的橱窗设计，如图1-30所示。

图1-29 纸基织物壁纸

图1-30 麻草壁纸

3.3.2 墙布

1. 玻璃纤维墙布

玻璃纤维墙布是以玻璃纤维布为基料，表面涂以耐磨树脂，印上彩色图案而成，如图1-31所示。其特点是色彩鲜艳，花色多样，装饰效果好，室内使用不褪色、不老化、防水、耐湿性强，便于清洗，价格低，施工简单，粘贴方便。其适用宾馆、饭店、工厂净化车间、民用住宅等室内墙面装饰，尤其适用室内卫生间、浴室等墙面。

2. 无纺贴墙布

无纺贴墙布是采用棉、麻等天然纤维或涤、腈等合成纤维，经过无纺成型、上树脂、印刷彩色花纹等工序而制成的，如图1-32所示。无纺贴墙布的特点是挺括、富有弹性、不易折断，纤维不老化、不散失，对皮肤无刺激作用，墙布色彩鲜艳、图案雅致，具有一定的透气性和防潮性，可擦洗而不褪色，且粘贴施工方便。其适用各种建筑物的室内墙面装饰，尤其是涤纶无纺墙布，除具有麻质无纺墙布的所有性能外，还具有质地细洁、光滑等特点，特别适合高级宾馆、住宅。

3. 化纤装饰贴墙布

化纤装饰贴墙布是以化学纤维织成的布(单纶或多纶)为基材，经一定处理后印花而成的，如图1-33所示。常用的化学纤维有黏胶纤维、醋酸纤维、丙纶、腈纶、锦纶、涤纶等。化学纤维贴墙布具有无毒、无味、透气、防潮、耐磨、不分层等特点，适用宾馆、饭店、办公室、会议室及民用住宅的内墙面装饰。

4. 棉纺装饰贴墙布

棉纺装饰贴墙布是以纯棉平布为基材经过处理、印花、涂布耐磨树脂等工序制作而成的。这种墙布的特点是强度大、静电小、蠕变性小、无光、吸声、无毒、无味，对施工人员和用户均无害，花型色泽美观大方，适用宾馆、饭店及其他公共建筑和较高级的民用住宅建筑中的内墙装饰。

图1-31　玻璃纤维墙布

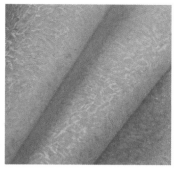
图1-32　无纺贴墙布

图1-33　化纤装饰贴墙布

3.3.3　高级墙面装饰织物

　　高级墙面装饰织物是指锦缎、丝绒、呢料等织物，这些织物由于纤维材料不同，制造方法不同及处理工艺不同，所产生的质感和装饰效果也就不同，但均能给人们以极美的感受。

视频：工匠精神——
丝绸专家钱小萍

　　（1）锦缎也称织锦缎，由于丝织品的质感与丝光效应，使其显得绚丽多彩、高雅华贵，如图1-34所示，具有很高的装饰作用，常被用于高档室内墙面的浮挂装饰，也可用于室内高级墙面的裱糊。但其价格高，柔软易变形、施工难度大、不能擦洗、不耐脏、不耐光、易留下水渍的痕迹、易发霉，故其应用受到很大的限制。

　　（2）丝绒色彩华丽，质感厚实温暖，格调高雅，主要用于高级建筑室内窗帘、柔隔断或浮挂，可营造出富贵、豪华的氛围，如图1-35所示。

　　（3）粗毛呢料或纺毛化纤织物或麻类织物，质感粗实厚重，具有温暖感，吸声性能好，还能从纹理上显示出厚实、古朴等特色，适用高级宾馆等公共厅堂柱面的裱糊装饰。

3.3.4　皮革和人造革

　　皮革是动物皮经过去肉、脱脂、软化、染色的物理、化学加工过程所得到的产品。革与皮不同，革遇水不膨胀、不腐烂、耐湿热，既保留了生皮的纤维结构又具有优良的物理性能，如图1-36所示。

图1-34　锦缎

图1-35　丝绒

图1-36　皮革软包墙面

　　皮革在室内装饰中主要用于墙面局部软包、门和沙发等家具的包覆材料，具有保暖、吸声、防磕碰的功能，以及高贵豪华的艺术效果。其适用健身房、幼儿园等要求防止碰撞的房间墙面，也可以用于录音室等声学要求较高的房间。

3.4 墙面装饰塑料

3.4.1 塑料壁纸

塑料壁纸是以纸为基材，以聚氯乙烯为面层，用压延或涂敷方法复合，再经印刷、压花或发泡而制成的。其中，花色有套花并压纹的，有仿锦缎的，仿木纹、石材的，仿各种织物的，仿清水砖墙并有凹凸质感及静电植绒等，如图 1-37 所示。

图 1-37　塑料壁纸

塑料壁纸是目前国内外使用广泛的一种室内墙面装饰材料，也可用于顶棚、梁柱等处的贴面装饰，具有装饰效果好、难燃、隔热、吸声、防霉等特性，不怕水洗，不易受机械损伤且粘贴方便，使用寿命长，易维修保养。

在建筑装饰材料领域常用的壁纸一般有以下三种：

（1）窄幅小卷：幅宽为 530～600 mm，长为 10～12 m，每卷为 5～6 m²；

（2）中幅中卷：幅宽为 760～900 mm，长为 25～50 m，每卷为 20～45 m²；

（3）宽幅大卷：幅宽为 920～1 200 mm，长为 50 m，每卷为 46～90 m²。

小卷壁纸是生产最多的一种规格，施工方便，选购数量和花色灵活，比较适合民用，一般用户可自行粘贴。中卷、大卷粘贴工效高，接缝少，适合公共建筑，由专业人员粘贴。

1. 普通壁纸

普通壁纸也称纸基塑料壁纸，是以 80～100 g/m² 的纸作基材，涂塑 100 g/m² 左右的聚氯乙烯糊，经印花、压花而成的。这类壁纸又可分为单色压花、印花压花、有光印花和平光印花几种，花色品种多，适用面广，价格也低，是民用住宅和公共建筑墙面装饰中应用最普遍的一种壁纸。

普遍壁纸透气性好，价格便宜，但由于其基层和面层均为纸质，因而不耐水、易断裂，裱糊后的易清洁性差。

2. 发泡壁纸

发泡壁纸是以 100 g/m² 的纸作基材，涂塑 100～300 g/m² 掺有发泡剂的 PVC 糊，印花后再加热发泡而成的。发泡壁纸有高发泡印花、低发泡印花和低发泡印花压花等品种。

高发泡印花壁纸的发泡倍数大，表面呈富有弹性的凹凸花纹，是一种兼具装饰和吸声功能的多功能壁纸，常用于歌剧院、会议室及住房的顶棚装饰。

低发泡印花壁纸，是在掺有适量发泡剂的 PVC 糊涂层的表面印有图案或花纹，通过采用含有抑制发泡作用的油墨，使表面形成具有不同色彩的凹凸花纹图案，又称化学浮雕。低发泡印花壁纸的花团逼真，立体感强，装饰效果好，并有一定的弹性，适用室内墙裙、客厅和内走廊装饰，如图 1-38 所示。

（a） （b）

图 1-38　发泡壁纸

（a）发泡壁纸；（b）发泡印花壁纸

3. 特种壁纸

特种壁纸又称功能壁纸，是指具有耐水、防火和特殊装饰效果的壁纸品种。耐水壁纸是用玻璃纤维毡做基材，在 PVC 涂塑材料中，配以具有耐水性的胶粘剂，以适应卫生间、浴室等墙面的装饰要求。防火壁纸是用 $100 \sim 200$ g／m^2 的石棉纸做基材，并在 PVC 涂塑材料中掺有阻燃剂，使壁纸具有一定的阻燃防火功能，适用防火要求很高的建筑。特殊装饰效果的彩色砂粒壁纸，是在基材上散布彩色砂粒，再涂胶粘剂，使表面呈砂粘毛面，可用于门厅、柱头、走廊灯局部装饰。

3.4.2　塑料贴面板

塑料贴面板也称纸质装饰层压板或三聚氰胺层压板，是以厚纸为骨架，浸渍酚醛树脂或三聚氰胺甲醛等热固性树脂，多层叠合经热压固化而成的薄型贴面材料，如图 1-39 所示。

图 1-39　塑料贴面板

塑料贴面板的结构为多层结构，即表层纸、装饰纸和底层纸。表层纸的主要作用是保护装饰纸的花纹图案，增加表面的光亮度，提高表面的坚硬性、耐磨性和抗腐蚀性；装饰纸主要起提供图案花纹的装饰作用和防止底层树脂渗透的覆盖作用，要求具有良好的覆盖性、吸收性、湿强度和适于印刷性；底层纸是层压板的基层。其主要作用是增加板材的刚性和强度，要求具有较高的吸收性和湿强度。

塑料贴面板由于采用热固性塑料，所以耐热性优良，经 100 ℃以上的温度不软化、不开裂和不起泡，具有良好的耐烫、耐燃性，因此有时也称防火装饰板。由于骨架是纤维材料厚纸，所以有较高的机械强度，其抗拉强度可达 90 MPa。该板表面光滑致密，具有较强的耐污性、耐湿、耐擦洗、耐酸、碱、油脂及酒精等溶剂的侵蚀，经久耐用。常用于墙面、柱面、台面、家具、吊顶等饰面工程。

3.5 装饰玻璃材料

玻璃是以石英砂（SiO_2）、纯碱（Na_2CO_3）、石灰石（$CaCO_3$）、长石等为主要原料，经 1 550 ℃～1 600 ℃高温熔融、成型、冷却并裁割而得到的有透光性的固体材料。

3.5.1 玻璃的基本性质

1. 密度

玻璃的密度与其化学组成有关，普通玻璃的密度为 2 450～2 550 kg/m³，其密实度 $D=1$，孔隙率 $P=0$，故可以认为玻璃是绝对密实的材料。

2. 力学性质

玻璃的抗压强度高，抗拉强度很小，故玻璃在冲击作用下易破碎，是典型的脆性材料。

3. 光学性质

太阳光由紫外光、可见光、红外光三部分组成。当太阳光照射到玻璃上时，玻璃会对太阳光产生吸收、反射、透射等作用。

（1）吸收。光线通过玻璃后，一部分光被玻璃吸收，玻璃的光吸收比主要与玻璃的组成、颜色、厚度及光的波长有关。普通无色玻璃对可见光的吸收比较小，但对红外光和紫外光的吸收比较大。各种着色玻璃可透过同色光线而吸收其他颜色光线。用于隔热、防眩作用的玻璃要求既能吸收大量的红外光，同时，又能保持良好的透光性。

（2）反射。光线被玻璃阻挡，按一定角度反射出去，称为反射。

（3）透射。光线能透过玻璃的性质称为透射。清洁无色玻璃对可见光的透射比可达85％～90％。玻璃的透射比主要与玻璃的化学组成、颜色、厚度及光的波长有关。同种玻璃厚度越大，透射比越小，无色玻璃的透射比高于着色玻璃和镀膜玻璃的透射比。用于采光照明的玻璃要求具有较高的透射比。

4. 化学性质

玻璃具有较高的化学稳定性，在通常情况下对水、酸及化学试剂或气体具有较强的抵抗能力，能抵抗除氢氟酸外的各种酸类的侵蚀。但是长期遭受侵蚀性介质的腐蚀，也能导致变质和破坏，如玻璃的风化和玻璃长期受水汽作用造成的玻璃发霉。

5. 玻璃的热工性质

玻璃是热的不良导体，由于玻璃的导热性能差，当玻璃局部受急冷或急热时不能及时传递到整块玻璃上，使玻璃产生内应力，从而造成破坏。

彭寿：让中国玻璃领跑世界

彭寿，中国工程院院士，中国玻璃技术的顶级专家和领军人物，2018年一举摘得被誉为世界玻璃行业的"奥斯卡大奖"——美国陶瓷学会"硅酸盐技术创新领袖奖"，成为世界玻璃技术领域获此殊荣的首位中国科学家。

彭寿院士一直致力于玻璃工业的核心工艺、现代配方和关键装备的研究工作，率先在玻璃工业提出"超白化、超薄化、大尺寸化、多功能化"的四化科研方向，开发出"绿色材料、绿色生产、绿色应用"的现代玻璃工业新型技术体系。带领团队三次获得国家科技进步奖，掌握了一批打破国外垄断、填补国内空白、完全具有中国自主知识产权的高端玻璃技术和产品。实现了中国光伏玻璃技术和产业从无到有、开发出世界最薄0.12 mm超薄触控玻璃、中国国内首片0.2 mm超薄TFT液晶玻璃，打破中国之外的垄断，保障了国家光电信息产业安全，也提升了中国在国际玻璃行业的话语权。建成世界最大1 200 t超大吨位高品质浮法玻璃熔窑、世界单体规模最大1 000 t超白太阳能光伏玻璃生产线，引领了玻璃工业从传统产品到现代工业的转型升级和绿色节能减排技术的应用，成为国际玻璃工业的重要技术趋势。

他带领团队首创微铁高透过率玻璃（也称光伏玻璃）成型新方法，打破国外长期垄断，让中国光伏玻璃技术和产业从无到有，并且达到国际领先水平；主持研发了浮法玻璃微缺陷控制新方法和高效节能的新型熔窑，实现了中国浮法玻璃技术的新突破。

在中国国内首次实现了高性能空心玻璃微珠规模化生产，产品成功应用于中国深海探测器，为中国空间技术、深海技术的快速发展做出贡献。

美国陶瓷学会"硅酸盐技术创新领袖奖"被誉为目前世界硅酸盐领域的个人最高成就奖，由美国陶瓷学会每年在全世界范围遴选，颁发给为推动世界硅酸盐领域科技进步和前沿技术拓展做出杰出贡献的科学家。彭寿凭借在玻璃创新领域，特别是在超薄电子信息显示玻璃领域的多项世界领先成果，得到国际同行一致认可，最终高票当选，并与美国工程陶瓷领域著名科学家John K. Coors共同成为2018年度获奖人。

3.5.2 平板玻璃

平板玻璃也称为白片玻璃、原片玻璃，是指未经深加工的净片玻璃，是建筑玻璃中生产量最大、使用最多的一种，主要用于门窗，起采光、围护、保温、隔声等作用，也是进一步深加工成其他技术玻璃的原片，如图1-40所示。

浮法工艺是现代最先进的平板玻璃生产办法，生产过程是将熔融的玻璃熔液，经过流槽砖进入盛有熔融锡液的锡槽。由于玻璃液的密度较锡液小，玻璃熔液便浮在锡液表面上，在其本身的重力及表面张力的作用下，能均匀地摊平在锡液表面上。同时，玻璃的上表面受到高温区的抛光作用，从而使玻璃的两个表面均很平整。然后经过定型、冷却后，进入退火窑退火、冷却，最后经切割成为原片。平板玻璃应裁切成矩形，按公称厚度分为 2 mm、3 mm、4 mm、5 mm、6 mm、8 mm、10 mm、12 mm、15 mm、19 mm、22 mm、25 mm。

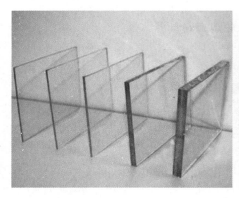

图 1-40　平板玻璃

3.5.3　装饰玻璃

1. 磨(喷)砂玻璃

磨(喷)砂玻璃又称为毛玻璃，是经研磨或喷砂加工，使表面成为均匀粗糙的平板玻璃，如图 1-41 所示。用硅砂、金刚砂、刚玉粉等做研磨材料加水研磨制成的称为磨砂玻璃；用压缩空气将细砂喷射到玻璃表面而制成的称为喷砂玻璃。

图 1-41　磨(喷)砂玻璃

由于磨(喷)砂玻璃表面粗糙，使透过的光线产生漫射，只能透光而不透视，作为门窗玻璃可使室内光线柔和，没有刺目之感。磨(喷)砂玻璃一般用于建筑物的卫生间、浴室、办公室等需要隐秘和不受干扰的房间；也可用于室内隔断和作为灯箱透光片使用。磨(喷)砂玻璃作为办公室门窗玻璃使用时，应注意将毛面朝向室内；作为浴室、卫生间门窗玻璃使用时应使其毛面朝外，以避免淋湿或沾水后透明。

2. 彩色玻璃

彩色玻璃又称为有色玻璃或饰面玻璃。彩色玻璃可分为透明、半透明和不透明三种。透明的彩色玻璃是在平板玻璃中加入一定量的金属氧化物作为着色剂，按一般的平板玻璃生产工艺生产而成的。半透明彩色玻璃又称为乳浊玻璃，是在玻璃原料中加入乳浊剂，经过热处理而成的。它不透视但透明，可以制成各种颜色的饰面砖或饰面板；不透明的彩色玻璃又称为饰面玻璃，可以采用在无色玻璃表面上喷涂高分子涂料或粘贴有机膜制得，表面光洁、明亮或漫射无光，具有独特的装饰效果，还可以加工成钢化玻璃，如图 1-42 所示。

图 1-42　彩色玻璃

3. 釉面玻璃

釉面玻璃是指在按一定尺寸裁切好的玻璃表面上涂敷一层彩色易熔的釉料，经过烧结、退火或钢化等热处理，使釉层与玻璃牢固结合而制成的具有美丽的色彩或图案的玻璃制品，如图 1-43 所示。其耐酸、耐碱、耐磨、耐水，图案精美，不褪色，不掉色，易于清洗，可按用户的要求或艺术设计图案制作。

图 1-43　釉面玻璃

釉面玻璃具有良好的化学稳定性和装饰性，可用于食品工业、化学工业、商业、公共食堂等的室内饰面层，以及一般建筑物门厅和楼梯间的饰面层与建筑物外饰面层，特别适用防腐、防污要求较高部位的表面装饰。

4. 压花玻璃

压花玻璃又称滚花玻璃，是在玻璃成型过程中，使塑性状态的玻璃带通过一对刻有图案花纹的辊子，对玻璃的表面连续压延而成的。如果一个辊子带花纹，则生产出单面压花玻璃；如果两个辊子都带有花纹，则生产出双面压花玻璃。压花玻璃由于表面凹凸不平使光线产生漫反射，因而压花玻璃具有透光而不透视的特点，并且呈低透光性，透光率为 60%～70%。同时，其花纹图案多样，因此具有良好的装饰性，如图 1-44 所示。其适用宾馆、饭店、餐厅、酒吧、浴室、游泳池、卫生间，以及办公室、会议室的门窗和隔断、屏风等需要透光又不透视的场所与门厅的艺术装饰。

图 1-44 一般压花玻璃

5. 喷花玻璃

喷花玻璃又称为胶花玻璃，是在平板玻璃表面贴以图案，抹以保护面层，经喷砂处理而成。喷砂后形成透明与不透明相间的图案，如图 1-45 所示。喷花玻璃给人以高雅、美观的感觉，适用室内门窗、隔断和采光。

图 1-45 喷花玻璃

6. 冰花玻璃

冰花玻璃是一种由平板玻璃经特殊处理形成的具有自然冰花纹理的玻璃，如图 1-46 所示。冰花玻璃对通过的光线有漫射作用，如作为门窗玻璃，犹如蒙上了一层纱帘，看不清室内的景物，却有着良好的透光性能，能形成良好的艺术装饰效果。冰花玻璃具有花纹自然、质感柔和、透光不透明、视感舒适等特点。

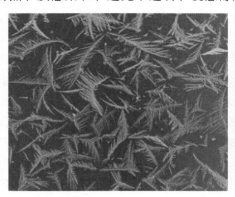

图 1-46 冰花玻璃

冰花玻璃可用无色平板玻璃制造，也可用茶色、蓝色、绿色等彩色玻璃制造。冰花玻璃装饰效果优于压花玻璃，给人以典雅清新之感，是一种新型的室内装饰玻璃。冰花玻璃可用于宾馆、酒楼、饭店、酒吧等场所的门窗、隔断、屏风和家庭装饰。

7. 镜面玻璃

镜面玻璃即镜子，是指玻璃表面通过化学（银镜反应）或物理（真空镀铝）等方法形成反射率极强的镜面反射的玻璃制品。为提高装饰效果，在镀镜之前可对原片玻璃进行彩绘、磨刻、喷砂、化学蚀刻等加工，形成具有各种花纹图案或精美字画的镜面玻璃。在装饰工程中，常利用镜子的反射、折射来增加空间感和距离感，或改变光照效果。常用的镜子有明镜、墨镜、彩绘镜、雕刻镜等，如图 1-47 所示。

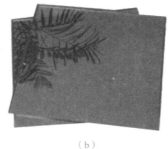

（a） （b） （c）

图 1-47　镜面玻璃

（a）明镜；（b）墨镜；（c）彩绘镜

8. 激光玻璃

激光玻璃又称全息玻璃或激光全息玻璃，是在玻璃或透明有机涤纶薄膜上涂敷一层感光层，利用激光在上刻画出任意的几何光栅或全息光栅，镀上铝（或银、铝）再涂上保护漆制成的。它在光线照射下，能形成衍射的彩色光谱，而且随着光线的入射角或人眼观察角的改变而呈现出变幻多端的迷人图案。在同一块玻璃上可形成上百种图，使普通玻璃在白光条件下出现五光十色的三维立体图像，如图 1-48 所示。激光玻璃是国际上刚刚兴起的一种新型装饰玻璃，有着较高的装饰效果是其他材料无法比拟的，镭射全息膜分为个性化设计图案/LOGO/文字版及普通无图版两种。

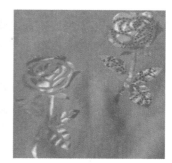

图 1-48　激光玻璃

激光玻璃适用酒店、宾馆及各种商业、文化娱乐厅、办公楼、写字间、大堂等的装饰装修及家庭居室的美化，如内墙面、柱面、艺术屏风、广告牌、变色灯具等。

3.5.4　安全玻璃

安全玻璃是指与普通玻璃相比，力学强度高，抗冲击能力好，击碎时碎块不会伤人，在防盗、防火等若干方面特性显著的玻璃。安全玻璃的主要品种有钢化玻璃、夹丝玻璃、夹层玻璃和防火玻璃等。根据生产时所用的玻璃原片不同，安全玻璃也可具有一定的装饰效果。

在建筑中需要以玻璃作为建筑材料的，以下部位必须安装安全玻璃：

(1)七层及七层以上建筑外开窗；

(2)面积大于 1.5 m² 的窗玻璃或玻璃底边离最终装修面小于 500 mm 的落地窗；

(3)幕墙(全玻幕墙除外)，倾斜装配窗，各类顶棚(含天窗、采光顶)和吊顶；

(4)观光电梯及其外围护；室内隔断、浴室围护和屏风；

(5)楼梯、阳台、平台走廊的栏板和中庭内栏板；

(6)用于承受行人行走的地面板，水族馆和游泳池的观察窗、观察孔；

(7)公共建筑物的出入口、门厅等部位，易遭受撞击或冲击，而造成人体伤害的其他部位。

1. 钢化玻璃

钢化玻璃又称强化玻璃，是将普通玻璃在加热炉中加热到接近玻璃软化点温度并保持一段时间，使之消除内应力，之后移出加热炉并立即用多头喷嘴向玻璃吹以常温空气使之迅速均匀冷却，冷却到室温后即成为高强度的钢化玻璃。它具有较高的抗弯强度和抗冲击能力，克服了普通玻璃性脆、易碎的最大缺陷。

(1)钢化玻璃的性能特点。

1)机械强度高。钢化玻璃抗折强度比普通玻璃大 4~5 倍；抗冲击强度也很高，用钢球法测定时，0.8 kg 的钢球从 1.2 m 的高度落下，玻璃可保持完好。

2)安全性好。钢化玻璃，一旦局部破损，便发生"应力崩溃"现象，破裂成无数的玻璃小块，这些玻璃碎片因块小且没有尖锐棱角，所以不易伤人，因此成为应用广泛的安全玻璃。

3)弹性好。钢化玻璃的弹性比普通玻璃大得多，如一块 1 200 mm×350 mm×6 mm 的钢化玻璃，受力后可发生高达 100 mm 的弯曲，当外力撤除后，仍能恢复原状，而普通玻璃的弯曲变形只能有几毫米。

4)热稳定性好。钢化玻璃强度高，热稳定性也较好。在受急冷急热作用时，不易发生炸裂。最大安全工作温度为 288 ℃，能承受 204 ℃ 的温度变化，故可用于高温环境下的门窗、隔断等处。

5)可发生自爆。钢化程度高的物理化玻璃，内应力很高，在偶然因素作用下内应力的平衡状态会产生瞬间失衡而自动破坏，称为钢化玻璃的自爆。

(2)钢化玻璃的应用。由于钢化玻璃具有较好的机械性能和热稳定性，所以在建筑工程、交通及其他领域内得到广泛的应用。平面钢化玻璃常用于建筑物的门窗、隔墙、幕墙及橱窗、家具等，曲面钢化玻璃常用于汽车、火车、船舶、飞机等方面。钢化玻璃采用平板玻璃作为原片，也可使用吸热玻璃、彩色玻璃、压花玻璃等作为原片，制作出有特殊功能的钢化玻璃。

使用时，应注意的是钢化玻璃不能切割、磨削，边角也不能碰击挤压，需按现成的尺寸规格选用或提出具体设计图样进行加工定制。用于大面积玻璃幕墙的玻璃在钢化程度上要予以控制，即其应力不能过大，以避免受风荷载引起振动而自爆，如图 1-49 所示。

（a） （b） （c）

图 1-49 安全玻璃的应用

（a）玻璃栏板；（b）玻璃楼梯；（c）玻璃隔墙

2. 夹丝玻璃

夹丝玻璃也称钢丝玻璃，是玻璃内部夹有金属丝网的玻璃，如图 1-50 所示。生产时将平板玻璃加热到红热状态，再将预热的金属丝网压入而制成夹丝玻璃；或在压延法生产线上，当玻璃液通过两压延辊的间隙成型时，送入经过预热处理的金属丝网，使其平行地压在玻璃板中而制成夹丝玻璃。由于金属丝与玻璃粘结在一起，而且受到冲击荷载作用或温度剧变时，玻璃裂而不散，碎片仍附在金属丝上，避免了玻璃碎片飞溅伤人，因而其属于安全玻璃。

图 1-50 夹丝玻璃的应用

（1）夹丝玻璃的性能特点。

1）安全性和防火性。夹丝玻璃在遭受冲击或温度剧变时，由于金属丝网的存在，破而不缺，裂而不散，能避免带尖锐棱角的玻璃碎片飞出伤人，并仍能隔绝火焰，起到防火作用，所以具有良好的安全性和防火性。

2）强度低。夹丝玻璃中金属丝网的存在降低了玻璃的匀质性，因而，夹丝玻璃的抗折强度和抗冲击能力与普通玻璃基本一致，或有所下降。特别是在切割处其强度约为普通玻璃的 50%，使用时应注意。

3）耐急冷急热性能差。因金属丝网与玻璃的热膨胀系数和导热系数相差较大，故夹丝玻璃在受到温度剧烈作用时会因两者的热性能相差较大而产生开裂、破损。因夹丝玻璃耐极冷极热性较差，故其不易用于两面温差较大、局部受冷热交替作用的部位，如冬季室外冰冻、室内采暖、夏季暴晒、暴雨外门窗处，以及火炉或暖气罩附近等。

4)因对夹丝玻璃的切割会造成丝网边缘外漏，容易锈蚀。锈蚀后会沿着丝网逐渐向内部延伸，锈蚀物体积增大将使玻璃胀裂，呈现出自边而上的弯弯曲曲的裂纹。故夹丝玻璃切割后，切口处应做防锈处理，以防锈裂，同时还应防止水进入门窗框槽。

（2）夹丝玻璃的应用。夹丝玻璃应用于建筑的天窗、采光屋顶、阳台及需有防盗防抢功能要求的营业柜台的遮挡部位。当夹丝玻璃用作防火玻璃时，要符合相应耐火极限的要求。

夹丝玻璃可切割，当切割时玻璃已断，金属丝仍相互连接，需要反复折多次才能掰断。此时要特别小心，防止两块玻璃互相在边缘挤压，造成微小缺口或裂口，引起使用时破损。也可采用双刀切法，即用玻璃刀相距 5～10 mm 平行切两刀，将两个刀痕之间的玻璃用锐器小心敲碎，然后用剪刀剪断金属丝，将玻璃分开。断口处裸露的金属丝要做防锈处理，以防锈蚀造成体积膨胀引起玻璃"锈裂"。

3. 夹层玻璃

夹层玻璃也称夹胶玻璃，是由两片或多片玻璃之间夹透明、有弹性、粘结力强、耐穿透性好的薄膜中间膜，一般为 PVB（聚乙烯醇缩丁醛）、EVA（乙烯—聚醋酸乙烯共聚物），经过特殊的高温预压（或抽真空）及高温高压工艺处理后，使玻璃和中间膜永久粘合为一体的复合玻璃产品，如图 1-51 所示。用于生产夹层玻璃的原片可以是平板玻璃、夹丝玻璃、钢化玻璃、彩色玻璃、表面改性（如镀膜）玻璃等。夹层玻璃的层数有 2、3、5、7 层，最多可达 9 层。

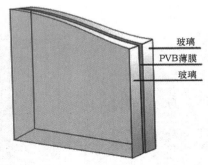

玻璃
PVB薄膜
玻璃

图 1-51　夹层玻璃的构造

（1）夹层玻璃的性能特点。夹层玻璃的透明度好，抗冲击性能要比一般平板玻璃高好几倍。用多层普通玻璃或钢化玻璃复合起来，可制成防弹玻璃。由于 PVB 胶片的粘合作用，玻璃即使破碎时，碎片也不会飞散伤人。通过采用不同的原片玻璃，夹层玻璃还可具有耐久、耐热、耐湿、耐寒等性能。

（2）夹层玻璃的应用。夹层玻璃有着较高的安全性，一般用作高层建筑的门窗、天窗、楼梯栏板和有抗冲击作用要求的商店、银行的橱窗、隔断及水下工程等安全性能高的场所或部位等。夹层玻璃不能切割，需要选用定型产品或按尺寸定制。

4. 钛化玻璃

钛化玻璃也称永不碎裂铁甲箔膜玻璃，是将钛金箔膜紧贴在任意一种玻璃基材之上，使之结合成一体的新型玻璃。钛化玻璃具有高抗碎、高防热及防紫外线等功能。不同的基材玻璃与不同的钛金箔膜可组合成不同色泽、不同性能、不同规格的钛化玻璃。

5. 防火玻璃

采用物理与化学的方法，对浮法玻璃进行处理而得的玻璃，使其在 1 000 ℃ 火焰冲击下能保持 84～183 min 不炸裂，从而有效地阻止火焰与烟雾的蔓延，按耐火极限分五个等级：0.50 h、1.00 h、1.50 h、2.00 h、3.00 h。其主要应用于具有防火功能的建筑外墙用幕墙或门窗玻璃。

3.5.5　节能装饰型玻璃

门窗是建筑节能的薄弱环节和关键部位，节能玻璃在一定程度上降低了门窗的耗能。所谓节能玻璃实际上是玻璃除传统的采光功能外，还具有一定的保温、隔热、隔声等功能。目前，建筑上常用的节能装饰型玻璃有吸热玻璃、热反射玻璃和中空玻璃等。

1. 吸热玻璃

吸热玻璃是一种能吸收大量红外线、近红外线辐射能，并保持较高可见光透过率的平板玻璃，吸热玻璃通常带有一定的颜色，在普通玻璃的原料中加入一定量的有吸热性能的着色剂制成。

（1）吸热玻璃的性能特点。

1）能吸收一定量的太阳辐射热。吸热玻璃主要是遮蔽辐射热，其颜色和厚度不同，对太阳的辐射热吸收程度也不同。一般来说，吸热玻璃只能通过大约 60% 的太阳辐射热。

2）吸收太阳的可见光。吸热玻璃比普通玻璃吸收的可见光要多得多。6 mm 厚的古铜色着色玻璃吸收太阳的可见光是同样厚度的普通玻璃的 3 倍。这一特点能使透过玻璃的光线变得柔和，能有效地改善室内色泽。

3）能吸收太阳的紫外线。吸热玻璃能有效地防止紫外线对室内家具、日用器具、商品、档案资料与书籍等的褪色和变质。

（2）吸热玻璃的应用。吸热玻璃可用于既有采光要求又有隔热要求的建筑门窗、外墙及玻璃幕墙。此外，它还可以按不同的用途进行加工，制成磨光玻璃、夹层玻璃、中空玻璃等。

2. 热反射玻璃

热反射玻璃是由无色透明的平板玻璃镀覆一层或多层（如铬、钛或不锈钢等）金属或其化合物组成的薄膜而制得，又称为镀膜玻璃或阳光控制膜玻璃。

（1）热反射玻璃的性能特点。

1）对光线的反射和遮蔽作用，又称为阳光控制能力。镀膜玻璃对可见光的透过率较高，能把大部分太阳光的热能反射掉。这种玻璃可在保证室内采光柔和的条件下，有效地屏蔽进入室内的太阳辐射能。

2）单向透视性。热反射玻璃的镀膜层具有单向透视性。在装有热反射玻璃幕墙的建筑里，白天人们从室外（光线强烈的一面）向室内（光线较暗弱的一面）看去，由于热反射玻璃的镜面反射特性，看到的是街道上流动着的车辆和行人组成的街景，而看不到室内的人和物，但从室内可以清晰地看到室外的景色。晚间正好相反。

3）镜面效应。热反射玻璃具有强烈的镜面效应，因此也称为镜面玻璃，用这种玻璃做玻璃幕墙，可将周围的景观映射在幕墙之上，构成一幅绚丽的图画，但过多的热反射玻璃幕墙也会带来"光污染"，如图 1-52 所示。

图 1-52　热反射玻璃

(2)热反射玻璃的应用。热反射玻璃可用作建筑门窗玻璃、幕墙玻璃，还可以用于制作高性能中空玻璃。单面镀膜玻璃在安装时，应将膜层面向室内，以提高膜层的使用寿命和取得节能的最佳效果。

3. 中空玻璃

中空玻璃是由两片或多片平板玻璃用边框隔开，中间充以干燥的空气或惰性气体，四周边缘部分用胶结或焊接方法密封而成的。为防止空气结露，边框内常放有干燥剂。中空玻璃按玻璃层数，有双层和多层之分，一般是双层结构，如图 1-53 所示。

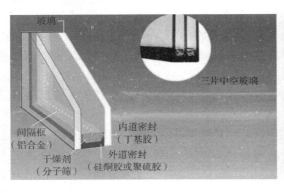

图 1-53　中空玻璃构造

(1)中空玻璃的性能特点。

1)热工性能。由于中空玻璃的中间有真空或惰性气体，所以它比单层玻璃具有更好的保温隔热性能。尤其适用寒冷地区和需要保温隔热、降低采暖能耗的建筑物。

2)防结露功能。在室内一定的相对湿度下，当玻璃表面下降到某一温度时，室内水汽便会在玻璃上冷凝形成露珠，出现结露，直至结霜(0 ℃以下)，玻璃结露后将严重地影响透视和采光，引起其他不良效果。由于中空玻璃内部存在着可以吸附水分子的干燥剂，气体是干燥的，在温度降低时，中空玻璃的内部也不会产生凝露的现象；同时，在中空玻璃的外表面结露点也会升高。

3)隔声性能。中空玻璃具有良好的隔声性能，一般可使噪声下降 30～40 dB，即能将街道汽车噪声降低到学校安静教室的程度。

(2)中空玻璃的应用。由于国家强制实行建筑节能，中空玻璃又是较好的节能材料，现已被广泛地应用于严寒地区、寒冷地区和夏热冬冷地区建筑的门窗、外墙等。中空玻璃是在工厂按尺寸生产的，现场不能切割加工。

3.5.6 空心玻璃砖

空心玻璃砖是由两个凹形玻璃砖坯（如同烟灰缸）熔接而成的玻璃制品。砖坯扣合、周边密封后中间形成空腔，空腔内有干燥并微带负压的空气，玻璃壁厚度为 8～10 mm。其常见尺寸有 115 mm×115 mm×80 mm、145 mm×145 mm×80 mm、190 mm×190 mm×80 mm、240 mm×150 mm×80 mm、240 mm×240 mm×80 mm 等，其中 190 mm×190 mm×80 mm 是常用规格。空心玻璃砖可以是平光的，也可以在里面或外面压有各种花纹，颜色可以是无色的，也可以是彩色的，以提高装饰性。

空心玻璃砖具有非常优良的性能：强度高、隔声、绝热、耐水、防火。其常被用来砌筑透光的墙壁、建筑物的非承重内外隔墙、淋浴隔断、门厅通道，如图 1-54 所示。

图 1-54　空心玻璃砖

3.5.7 玻璃马赛克

玻璃马赛克，以玻璃为基料并含有未熔化颗粒或少量气泡的乳浊制品，是一种小规格的方形彩色饰面玻璃。单块的玻璃马赛克断面略呈倒梯形，正面为光滑面，背面略带凹状沟槽，以利于铺贴时有较大的吃灰深度和粘结面积，粘结牢固而不易脱落。

玻璃马赛克表面光滑、不吸水，所以抗污性好，具有雨水自涤、历久常新的特点；玻璃的颜色有乳白、姜黄、红、黄、蓝、白、黑及各种过渡色，有的还带有金色、银色的点或条纹，可拼装成各种图案；耐热、耐寒、耐酸碱，其适合住宅卫生间、浴室、泳池等场所，以及建筑物的内外墙面装饰工程，如图 1-55 所示。

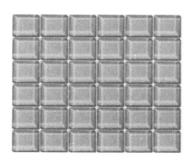

图 1-55　玻璃马赛克

学习单元 4　成品门窗材料

门和窗是建筑物围护结构系统中重要的组成部分，通过虚实对比、韵律效果，以及它们的形状、尺寸、比例、排列、色彩、造型等对建筑的整体造型都有很大的影响；同时，门窗也是节能设计中的重要内容。

4.1 成品木门

根据木门构造的不同，木门可分为全实木门、实木复合门、夹板模压空心门；由木门表面处理可分为免漆门、油漆门和烤漆门等。

4.1.1 实木门

实木门是指制作木门的材料是取自森林的天然原木或实木集成材（也称实木指接材），经过烘干、下料、刨光、开榫、打眼、高速铣形、组装、打磨、上油漆等工序科学加工而成的。用实木加工制作的装饰门，有半玻、全玻、全木三种款式，如图1-56所示。

（a）   （b）

图 1-56 实木门
(a)全玻、半玻、全木实木门；(b)实木门构造

实木门的主要特点如下：

(1)硬度高、光泽好、不变形、抗老化，属高档豪华产品。

(2)防蛀、防潮、防污、耐热、抗裂，坚固不变形，隔音隔热效果好，属经久耐用产品。

(3)无毒、无味、不含甲醛、甲苯、无辐射污染，环保健康，属优秀绿色环保产品。

(4)富有艺术感、显得高贵典雅，能起到点缀居室的作用。

4.1.2 实木复合门

实木复合门的门扇边框使用的是杉木或松木等实木，基材使用中密度纤维板或穿孔刨花板，表面贴各种名贵实木木皮，经高温热压后制成，并用实木线条封边，外喷饰高档环保木器漆的复合门。

实木复合门恒久稳定、不变形、不开裂，还具有保温、耐冲击、阻燃等特性，且隔声效果良好，同实木门基本相当。同时解决了门芯板由于季节变化、不同地区平均含水率的不同、木材固有的干缩湿胀和各项差异引起的开裂、变形，甚至油漆后门芯板四周因收缩出现的白边现象。

全实木门从内到外是一种木质，而实木复合门，其门芯和内部结构是由其他木材或密度板制成的，只有表面是高档木材，实木复合门具备全实木门的全部优点，保持了实木的效果和观感，但与全实木门相比，其性能更趋于稳定且价位比全实木门经济，如图 1-57 所示。

4.1.3　空心门

空心门是以实木做框架，以胶合板、纤维板等各种薄板材料为面板的木门。由于门板内部是空心的，隔声效果相对要差些，可以通过增厚两边夹板厚度的办法来解决，但其抗变形能力较强，价格较低。在生活中这种门出现最多的地方是出租房，如图 1-58 所示。

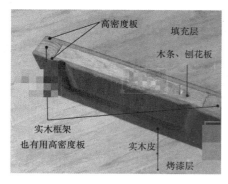

图 1-57　实木复合门构造　　　　　　　图 1-58　空心门构造

4.2　塑料门窗

塑料门窗是以聚氯乙烯（PVC）或其他树脂为主要原料，添加适量助剂和改性剂，经挤压成型的空腹异型材，用专门的工艺将异型材组装而成的。由于塑料的刚度较差，一般在空腹内嵌装型钢或铝合金型材进行加强，从而增强了塑料门窗的刚度，因此，塑料门窗又称为"塑钢门窗"，如图 1-59 所示。

目前，塑料门窗被誉为继木、钢、铝之后崛起的新一代建筑门窗，与传统木窗和钢窗相比，具有耐水性和耐腐蚀性好、隔热性能好、耐候性好、防火性能好等特点。

4.3　铝合金门窗

铝合金门窗是将表面处理过的铝合金型材，经下料、打孔、铣槽、攻螺纹、制作等加工工艺而成的门窗料构件，再采用连接件、密封材料和五金件等一起组合装配而成的。铝合金门窗具有质量轻、强度高、密封性能好、耐腐蚀性能好，使用寿命长、加工方便、便于生产、色泽美观、装饰效果好等特点，如图 1-60 所示。

铝合金门窗按门窗框厚度构造尺寸分为若干系列，铝合金推拉门主要有 70 系列和 90 系列两种，推拉窗主要有 55 系列、60 系列、70 系列、90 系列等。铝合金门窗适用有密闭、保温、隔声要求的公用及民用住宅等建筑的门窗工程。

4.4　断桥铝合金门窗

断桥铝是将铝合金从中间断开，采用塑料型材腔体做断热材料，并将断开的铝合金连为一体，兼顾了塑料和铝合金两种材料的优势；同时，满足装饰效果和门窗强度及耐老化性能的多种要求。断桥铝合金门窗是最高级的铝合金门窗，它是继木窗、铁窗、塑钢门窗和普通彩色铝合金门窗之后的第五代新型保温节能性门窗。具有热量传导低，节能、环保、降噪、防止冷凝的特点，如图 1-61 所示。

图 1-59　塑料门窗　　　　图 1-60　铝合金门窗　　　　图 1-61　断桥铝门窗

模块小结

　　本模块基于墙面装饰构造层次可分为骨架材料、基层材料、面层材料及门窗材料四部分，讲述了各类常见墙面装饰材料的性能、规格。要求学生掌握各类墙面材料的特性，并能根据不同装饰效果和功能要求合理选择适合的墙面装饰材料。

思考与练习

　　1. 什么是木材的平衡含水率？
　　2. 木质人造板材有哪些种类？简述其特点及应用。
　　3. 釉面内墙砖为什么不能用于室外？
　　4. 涂料由哪几部分组成？各组分起什么作用？
　　5. 哪些玻璃是不能切割的？哪些玻璃是透光不透视的？

实训任务

　　请到当地装饰材料市场，进行墙柱面装饰制品的市场调研。
　　任务：调查该装饰材料市场上作为墙柱面装饰，主要销售哪些装饰制品，并任意选择其中三种，调查其价格、规格、特点、品牌及生产厂家信息。
　　要求：3～5 人为一个小组开展调研活动，任务完成后，以小组为单位提交一份调研过程记录(附照片记录)及调研报告，同时结合本次内容及调研情况，对比不同种类墙柱面装饰材料各自的特点，探讨如何进行合理的选用。

模块二　顶面装饰材料

教学目标

知识目标	基于顶面装饰构造层次分为骨架材料和面层材料两部分，讲述了各类常见顶面装饰材料的性能、规格及用途
技能目标	掌握各类顶面材料的特性，并能根据不同装饰效果和功能要求合理选择适合的顶面装饰材料
素养目标	树立同学们的开拓创新、追求卓越的"工匠精神"；了解塑料与环境的关系，提高环保意识

学习单元 1　顶面骨架材料

龙骨是吊顶装饰必不可少的骨架材料，常用的龙骨有木龙骨、轻钢龙骨和铝合金龙骨。其中，木龙骨和轻钢龙骨的介绍见学习单元 1.1。铝合金龙骨是以铝合金棒为原料，经过挤压成型、冲压、喷涂等工艺加工而成的一种金属骨架。各种装饰板材通过螺钉、粘贴、搁置等方法固定在龙骨上，形成了完整的吊顶装饰。吊顶龙骨按其承载能力，可分为上人龙骨和不上人龙骨；按其型材断面分为 U 形龙骨和 T 形龙骨；按其用途可分为大龙骨（主龙骨）、中龙骨、小龙骨、边龙骨和配件。

1.1　U 形吊顶龙骨

U 形吊顶龙骨通常由主龙骨、横撑龙骨、吊挂件、接插件和挂插件等组成。根据主龙骨断面尺寸的大小，即根据龙骨的承载能力及适应吊点距离不同，通常将 U 形吊顶龙骨分为 38、50 和 60 三种不同系列。38 系列龙骨适用吊点距离 0.9～1.2 m 不上人吊顶；50 系列龙骨适用吊点距离 1.5 m 的上人吊顶，主龙骨可承受 800 N 的检修荷载；60 系列龙骨适用吊点距离 1.5 m 的上人吊顶，主龙骨可承受 1 000 N 的检修荷载。上人吊顶用 10 号镀锌钢丝做吊杆。图 2-1 所示为 U 形吊顶龙骨和主要配件的示意。

1.2　T 形吊顶龙骨

T 形吊顶龙骨有轻钢型和铝合金型两种，绝大多数是用铝合金材料制作的。此外，近些年发展起来的烤漆龙骨和不锈钢面龙骨也深受大家喜爱。铝合金 T 形吊顶龙骨具有的特点如下：

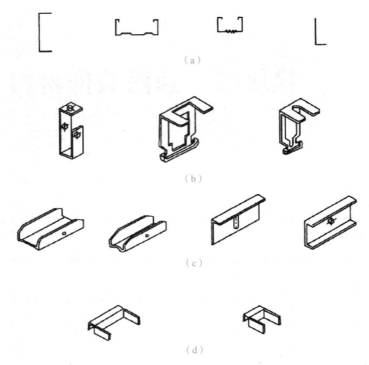

图 2-1　U 形吊顶龙骨与主要配件

(a)主龙骨截面；(b)配件(吊挂件)；(c)配件(连接件)；(d)配件(支托)

(1)体轻，铝合金龙骨(包括零配件)质量每平方米只有 1.5 kg 左右。

(2)吊顶龙骨与顶棚板组成 600 mm×600 mm、500 mm×500 mm、450 mm×450 mm 的方格，不需要大幅面的吊顶板材，因此各种吊顶材料都可选用，规格也比较灵活。

(3)铝合金材料经过电氧化处理，龙骨呈方格外露的部位光亮、不锈、色调柔和，使整个吊顶更加美观大方。

(4)安装方便，防火、抗震性能良好。

图 2-2 所示为 T 形龙骨与主要配件示意，图 2-3 所示为 T 形龙骨吊顶示意。

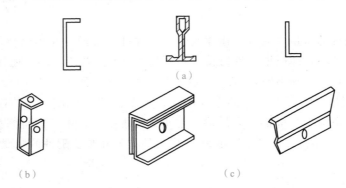

图 2-2　T 形龙骨与主要配件示意

(a)主龙骨截面；(b)配件(吊挂件)；(c)配件(连接件)

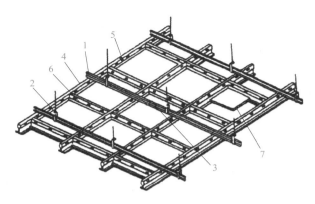

图 2-3　T 形龙骨吊顶示意

1—主龙骨；2—主龙骨吊件；3—主龙骨连接件；4—龙骨；5—龙骨连接件；6—横撑龙骨；7—吊顶板材

学习单元 2　顶面面层材料

顶面面层装饰材料的选择除满足室内装饰设计的要求外，还要考虑其他功能，如吸声、防火、轻质、保温等。常用的顶棚装饰板材有石膏类板材、木质板材、塑料板材、不锈钢板材、铝合金板材、吸声板材及其他面层装饰材料。

2.1　石膏类顶棚

2.1.1　纸面石膏板

纸面石膏板是以建筑石膏为主要原料，掺入纤维、外加剂（发泡剂、缓凝剂等）和适量轻质填料，加水拌和成料浆，浇筑在纸面上，成型后再覆以上层面纸。料浆经过凝固形成芯板，经切断、烘干，使芯板与护面纸牢固地粘结在一起。图 2-4 所示为纸面石膏板。

视频：纸面石膏板

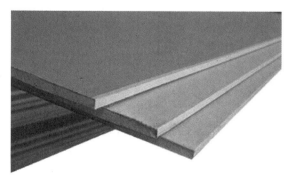

图 2-4　纸面石膏板

1. 分类

纸面石膏板按性能分为普通石膏板（代号 P）、高级普通纸面石膏板（代号 GP）、耐水纸面石膏板（代号 S）、高级耐水纸面石膏板（代号 GS）、耐火纸面石膏板（代号 H）、高级耐火纸面石膏板（代号 GH）、高级耐水耐火纸面石膏板（代号 GSH）、普通装饰纸面石膏板(代号 ZP)和防潮装饰纸面石膏板(代号 ZF)。普通纸面石膏板是以重磅纸为护面纸；耐水纸面石膏板采用耐水的护面纸，并在建筑石膏料浆中掺入适量耐水外加剂制成耐水芯板；耐火纸面石膏板的芯板是在建筑石膏料浆中掺入适量耐火纤维材料后制作而成的。耐火纸面石膏板的主要技术要求是在高温明火下燃烧时，能在一定时间内保持不断裂。

2. 规格尺寸

纸面石膏板的长度为 1 800 mm、2 100 mm、2 400 mm、2 700 mm、1 800 mm、3 000 mm、3 300 mm 和 3 600 mm；宽度为 900 mm 和 1 200 mm；厚度为 9.5 mm、12 mm、15 mm、18 mm、21 mm 和 25 mm。也可根据用户要求生产其他规格的板材。

3. 产品标记

产品标记顺序为产品名称、代号、长度、宽度、厚度及标准号。例如，长度为 3 000 mm、宽度为 1 200 mm、厚度为 12 mm 带楔形棱边的普通纸面石膏板，标记为：PC3000×1 200×12 GB/T 9775—2008。

4. 技术要求

(1)纸面石膏板表面应平整，不得有影响使用的破损、波纹、沟槽、污痕、过烧、亏料、边部漏料和纸面脱开等缺陷。

(2)纸面石膏板的尺寸偏差应不大于表 2-1 的规定。

表 2-1　尺寸偏差　　　　　　　　　　　　　　mm

项目	长度	宽度	厚度	
			9.5	≥12
尺寸偏差	0	0		
	−6	−5	±0.5	±0.6

(3)板材应切成矩形，两对角线长度差应不大于 5 mm。

(4)楔形棱边宽度为 30～80 mm，楔形棱边深度为 0.6～1.9 mm。

(5)板材的纵向断裂荷载值和横向断裂荷载值应不低于表 2-2 的规定，单位面积质量应不大于表 2-2 的规定。

表 2-2　断裂荷载及单位面积质量

板材厚度 /mm	单位面积质量 /(kg·m^{-2})	断裂荷载/N	
		纵向	横向
9.5	9.5	360	140
12.0	12.0	500	180
15.0	15.0	650	220
18.0	18.0	800	270
21.0	21.0	950	320
25.0	25.0	1100	370

(6)护面纸与石膏芯板的粘结良好。

(7)对于耐水纸面石膏，其吸水率应不大于 10%，表面吸水量应不大于 160 g/m^2。

(8)遇火稳定性对耐火纸面石膏板而言，板材遇火稳定时间应不小于 20 min。

5. 纸面石膏板的特点与应用

纸面石膏板具有轻质、保温隔热性能好、防火性能好、可锯、可钉、可刨、安装方便等特点。纸面石膏板通常用于室内隔墙和吊顶等处。

2.1.2 石膏纤维板

石膏纤维板(又称 GF 板或无纸石膏板)是一种以建筑石膏粉为主要原料，以各种纤维(主要是纸纤维，还可以加入玻璃纤维、植物纤维)为增强材料的一种新型建筑石膏板材。有时在其中心层加入矿棉、膨胀珍珠岩等保温隔热材料，可加工成三层板或多层板。图 2-5 所示为石膏纤维板。

视频：纸面石膏板
的识别与选用

图 2-5 石膏纤维板

1. 分类

石膏纤维板从板型上分为均质板、三层标准板、轻板及结构板、覆层板及特殊要求的板等。

2. 规格尺寸

石膏纤维板的规格尺寸有三类：大幅尺寸供房屋预制厂用，如 2 500 mm×(6 000～7 500 mm)；标准尺寸供一般建筑用，如 1 250 mm(或 1 200 mm)；小幅尺寸供销售市场及特殊用途，如 1 000 mm×1 500 mm。同时，还能按用户要求生产其他规格尺寸。石膏纤维板厚度为 6～25 mm。

3. 特点与应用

石膏纤维板是继纸面石膏板之后开发出的新型石膏制品，其综合性能十分优越。除具有纸面石膏板的优点外，还具有很高的抗冲击性能力，内部粘结牢固，抗压痕能力强，在防火、防潮等方面具有更好的性能，其保温隔热性能也优于纸面石膏板。由于外表省去了护面纸，其应用范围比纸面石膏板还有所扩大，产品成本等于或略高于纸面石膏板，但投资的内部回收率大于纸面石膏板。

石膏纤维板可如木质板一样机加工，制成各种木质板、叠层板等用于室内墙壁、顶棚等。板面可制成光洁平滑或经机械加工成各种图案形状，或印刷成各种花纹，或压制成凹凸不平的花纹图案，增强板材装饰效果。

4. 其他产品

(1)石膏玻璃纤维板。石膏玻璃纤维板是以建筑石膏为主要基材，掺入中、低碱玻璃纤维，纤维质量为 40～80 g/(1 000)m，纤维直径 18 μm，与水按比例拌和，再配以短切玻璃纤维，经过振动成型、凝结硬化、定长切割、干燥、堆垛等工序制成。其中，玻璃纤维可用刨花、纸纤维代替。

石膏玻璃纤维板具有良好的防火性能。由于使用玻璃纤维作增强材料，具有较好的力学性能，其抗折强度在 6 MPa 以上。8 mm 厚的石膏纤维板与 10 mm 厚的纸面石膏板抗折强度相当。因此，石膏玻璃纤维板在运输或施工搬运过程中不易断裂破坏。这种板还具有较好的耐拔钉性能，为纸面石膏板的 3～5 倍。在施工时上钉、开榫、开槽沟等均不易开裂。

石膏玻璃纤维板，不受纸板规格尺寸的限制，产品规格尺寸可灵活多样，板宽可达 2 500 mm。使用时，减少了墙面或吊顶的拼接缝，便于安装施工。还可根据设计需要任意裁切成各种规格的板材。板厚通常可为 8～25 mm，也可加工成更薄或更厚一些。

(2)石膏植物纤维板。石膏植物纤维板中的植物纤维源于农作物的稻草、秸秆、甘蔗及木、竹等。石膏植物纤维板具有质量轻、强度高、可加工性好，经特殊处理后防火防潮等优良性能。属于这类制品的有石膏刨花板、石膏稻草碎料板、石膏麦秸碎料板、石膏甘蔗渣碎料板、石膏竹材碎料板等。石膏植物纤维板广泛用于室内隔墙和吊顶装修。

2.1.3 装饰石膏板

装饰石膏板是以建筑石膏为主要原料，掺入适量纤维增强材料和外加剂，与水搅拌成均匀的料浆，经浇筑成型、干燥后制成的一种装饰薄板。

1. 分类

装饰石膏板包括平板、孔板、浮雕板、防潮板等品种。其中，平板、孔板和浮雕板是根据板面形状命名的。孔板除具有较好的装饰效果外，还具有一定的吸声性能，当孔为穿孔时吸声效果更为明显。防潮板有时也称为防水板，主要是根据石膏板在特殊场合的使用功能命名的。由于石膏制品通常是不防水的，即使做了防水处理，其使用范围也只局限于空气湿度较高的场所。因此，对于内掺或外涂防水剂的装饰石膏板，称为防潮板比防水板更确切。装饰石膏板的代号及分类见表 2-3。

表 2-3　装饰石膏板的代号及分类

分类	普通板			防潮板		
	平板	孔板	浮雕板	平板	孔板	浮雕板
代号	P	K	D	FP	FK	FD

2. 规格尺寸

装饰石膏板的规格尺寸有 500 mm×500 mm×9 mm、600 mm×600 mm×11 mm，形状为正方形，其棱边断面形式有直角和倒角型两种。

3. 产品标记

装饰石膏板的标记顺序为产品名称、板材分类代号、板的边长及标准号。例如，板材规格为 500 mm×500 mm×9 mm 的防潮孔板，其标记为装饰石膏板 FK 500×500×9 JC/T 799—2016。

4. 技术要求

(1)外观质量：装饰石膏板正面不应有影响装饰效果的气孔、污痕、裂纹、缺角、色彩不均匀和图案不完整等缺陷。

(2)尺寸允许偏差、不平度和直角偏离度应不大于表 2-4 的规定。

表 2-4　板材尺寸允许偏差　　　　　　　　　　　　　　　　mm

项目	优等品	一等品	合格品
边长	0 －2	＋1 -2	
厚度	±0.5	±1.0	
不平度	1.0	2.0	3.0
直角偏离度	1.0	2.0	3.0

（3）板材单位面积质量应不大于表 2-5 的规定。

表 2-5　单位面积质量　　　　　　　　　　　　　　　kg/m²

板材代号	厚度/mm	优等品		一等品		合格品	
		平均值	最大值	平均值	最大值	平均值	最大值
P、K	9	8.0	9.0	10.0	11.0	12.0	13.0
FP、FK	11	10.0	11.0	12.0	13.0	14.0	15.0
D、FD	9	11.0	12.0	13.0	14.0	15.0	16.0

（4）板材与水的性能：板材的含水率、防潮板的吸水率及受潮挠度应不大于表 2-6 的规定。

表 2-6　板材与水的性能

项目	优等品		一等品		合格品	
	平均值	最大值	平均值	最大值	平均值	最大值
含水率/%	2.0	2.5	2.5	3.0	3.0	3.5
防潮板吸水率/%	5.0	6.0	8.0	9.0	10.0	11.0
受潮挠度/mm	5.0	7.0	10.0	12.0	15.0	17.0

5. 特点与应用

装饰石膏板主要用于建筑物室内墙面和吊顶装饰。图 2-6 所示为装饰石膏孔板和浮雕板。

（a）　　　　　　　　　　　　（b）

图 2-6　装饰石膏板

（a）孔板；（b）浮雕板

2.1.4 吸声用穿孔石膏板

吸声用穿孔石膏板是以装饰石膏板或纸面石膏板为基础材料，有穿孔石膏板、背覆材料、吸声材料及板后空气层等组合而成的石膏板材。吸声用穿孔石膏板如图 2-7 所示。

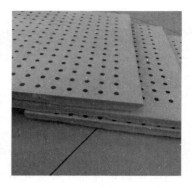

图 2-7　吸声用穿孔石膏板

1. 分类

吸声用穿孔石膏板的棱边形状可分为直角型和倒角型。根据板材的基板类型和有无背覆材料，其分类及代号见表 2-7。

表 2-7　基板与背覆材料

基板与代号	背覆材料代号	板材代号
装饰石膏板 K	W（无）；Y（有）	WK；YK
纸面石膏板 C		WC；YC

2. 规格尺寸

吸声用穿孔石膏板的规格尺寸边长为 500 mm×500 mm、600 mm×600 mm；厚度为 9 mm 和 12 mm。

3. 产品标记

吸声用穿孔石膏板的标记顺序为产品名称、背覆材料、基材类型、边长、厚度、孔径与孔距、产品标准号。例如，吸声用穿孔石膏板，带背覆材料，边长为 600 mm×600 mm，厚度为 12 mm，孔径为 6 mm，孔距为 18 mm，标记为吸声用穿孔石膏板 YC600×12-ϕ6-18 JC/T 803—2007。

4. 技术性能指标

（1）外观质量不应有影响使用和装饰效果的缺陷。对以纸面石膏板为基板的板材不应有破损、划伤、污痕、凹凸、纸面剥落等缺陷；对以装饰石膏为基材的板材不应有裂纹、污痕、气孔、缺角、色彩不均匀等缺陷。穿孔应垂直于板面。棱边形状为直角形的板材，侧面应与板面成直角。

（2）尺寸允许偏差应不大于表 2-8 的规定。

表 2-8　尺寸允许偏差　　　　　　　　　　　　　　　　　　　　　　mm

项目	技术指标	项目	技术指标
边长	+1 −2	直角偏离度	≤1.2
厚度	±1.0	孔径	±0.6
不平度	≤2.0	孔距	±0.6

（3）板材的含水率平均值应不大于 2.5%，最大值不大于 3%。

（4）护面纸与石膏芯的粘结以纸面石膏板为基板的板材，护面纸与石膏芯的粘结按规定的方法测定时，不允许石膏芯裸露。

5. 特点与应用

吸声用穿孔石膏板具有轻质、防火、隔声、隔热、抗震性能好、可用于调节室内湿度、施工简便、效率高、劳动强度小、干法作业及加工性能好等特点。

吸声用穿孔石膏板主要用于室内吊顶和墙体的吸声结构中。在潮湿环境中使用或对耐火性能有较高要求时，则应采用相应的防潮、耐水或耐火基板。

2.1.5 石膏线及石膏花饰

石膏线多用于高强度石膏或加筋石膏制作，用浇注法成形。其表面呈现雕花型和弧形，规格尺寸较多，线角的宽度一般为 45～300 mm，长度一般为 1 800～2 300 mm。其具有表面光洁、花型和线条清晰、立体感强、强度高、无毒、防火等特点，可用于宾馆、饭店、写字楼和住宅的吊顶装饰。其安装多用石膏胶粘剂直接粘贴，如图 2-8 所示。

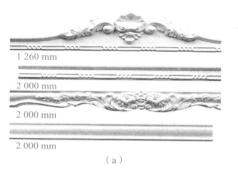

（a）　　　　　　　　　　　　　　　（b）

图 2-8　石膏线

（a）石膏线图例；（b）石膏线应用实例

石膏花饰是按设计图案先制作阴模（软膜），然后浇入石膏麻丝浆料成型，经过硬化、脱模、干燥而成的一种装饰板材。石膏花饰的花形图案、规格很多，表面可为石膏天然白色，也可以制成描金等彩绘效果。其用于建筑物室内吊顶或前面装修，如图 2-9 所示。

（a）　　　　　　　　　　　　　　　（b）

图 2-9　石膏花饰

（a）石膏花饰；（b）石膏花饰应用实例

2.2 木质顶棚

2.2.1 木质板

木质板是胶合板的一种,是新型的高级装饰材料,利用珍贵木料,如紫檀木、花樟、楠木、柚木、水曲柳、榉木、胡桃木、影木等通过精密刨切制成厚度为 0.2～0.5 mm 的微薄木片,再以胶合板为基层,采用先进的胶粘剂和粘结工艺制成。适合制造薄木的树种很多,一般要求结构均匀,纹理通直、细致,能在径切或弦切面形成美丽的木纹。有的为了要特殊花纹而选用树木根段的树瘤多的树种,以易于进行切削、胶合和涂饰等加工。

1. 种类

常用的国产树种有水曲柳、桦木、椴木、樟木、酸枣、梓木、拟赤杨、榉木等。进口的树种有柚木、花梨木、桃花心木、枫木、榉木、橡木等。

常用的木质板如下:

(1)水曲柳木质板。水曲柳木质板又分为直纹曲柳木质板和大花曲柳木质板两种。直纹曲柳就是水曲柳的纹路是一排排垂直排列的;大花曲柳是通常见到的纹路,像水波纹一样,有流动感。水曲柳纹路复杂,颜色显黄显黑,价格偏低。

(2)红榉木木质板。红榉木木质板的表面没有明显的纹理,只有一些细小的针尖状小点。红榉木的颜色一般偏红,纹理轻细、颜色统一,并且视觉效果好,价格适中。

(3)橡木、枫木和白榉木木质板。橡木木质板的纹路比枫木木质板的纹路小;枫木的纹路和水曲柳的纹路相近;白榉木木质板和红榉木木质板的纹路一样,只是颜色发白,基本上和橡木木质板、枫木木质板一样。在装修中大面积用这些木质板来装饰的情况比较少,但可以用它们进行小范围的点缀。

2. 规格尺寸

木质板厚度通常为 3 mm,但是也有一些其他的厚度,如 0.9 mm、1.2 mm、1.5 mm、1.8 mm、2.0 mm、2.7 mm、3.0 mm、3.6 mm 等。木质板规格常用的有 2 440 mm×1 220 mm、1 000 mm×2 000 mm、1 220 mm×2 000 mm、1 200 mm×3 000 mm。

3. 检验标准

(1)观察贴面(表皮),看贴面的厚薄程度,越厚的性能越好,油漆后实木感越真实、纹理也越清晰、色泽鲜明、饱和度好。

(2)天然木质花纹,纹理图案自然变异性比较大、无规则。

(3)外观应有较好的美感,材质应细致均匀、色泽清晰、木色相近、木纹美观。

(4)表面应无明显瑕疵,其表面光洁,无毛刺、沟痕和刨刀痕;应无透胶现象和板面污染现象。

(5)无开胶现象,胶层结构稳定。要注意表面单板和基材之间、基材内部隔层之间不能出现鼓包、分层现象。

4. 特点与应用

装饰木质板具有花纹美观、装饰性好、真实感强、立体感突出等特点,是目前室内装饰装修工程中常用的一类装饰木质材料。装饰木质板在装修中起着举足轻重的作用,使用范围广泛,门、家具、墙面、顶面上都会用到。木质板种类较多,在色泽与花纹上都具有很大的选择性。实木顶棚如图 2-10 所示。

图 2-10　实木顶棚

2.2.2　生态木

生态木是将树脂和木质纤维材料及高分子材料按一定比例混合，经高温、挤压、成型等工艺制成一定形状的型材。生态木吊顶与传统原木吊顶不相上下，钉、钻、切割、粘接、钉子或螺栓连接固定，所有传统原木吊顶可进行的加工工序，生态木吊顶都可以做到。难能可贵的是，生态木吊顶表面光滑细腻、无须砂光和油漆，即便需要油漆，其较好的油漆附着性也完全可以供不同喜好的人根据喜好上漆。生态木顶棚如图 2-11 所示。

图 2-11　生态木顶棚

1. 规格尺寸

顶棚吊顶有 100 mm×30 mm、100 mm×60 mm、100 mm×25 mm、100 mm×40 mm、40 mm×4 mm、40 mm×50 mm、40 mm×25 mm，比较宽大的有 100 mm×120 mm 等，方通的有 150 mm×50 mm、100 mm×50 mm、100 mm×35 mm、90 mm×25 mm、40 mm×25 mm 等。

2. 检验标准

（1）确保吊杆与龙骨在墙顶安装牢固，无松动现象。

（2）确保颜色的统一性，无色差。

（3）确保整个顶面平整（个别装饰效果例外）。

（4）确保材料表面没有出现起泡、掉皮、开裂的现象。

3. 特点与应用

生态木具有木材与生俱来的天然亲和性及原木的外观纹理，色彩丰富，造型随意，可进行曲、直、块、线、面的任意造型，充分满足设计师无尽想象和创作灵感的发挥。生态木颜色有亚柚色、泰柚色、金檀色、紫檀色、银胡桃色、黑胡桃色、胡桃色、深红木色、浅红木色、雪松色(乳白色)、樱桃色(粉红色)。产品使用寿命可达 15 年。生态木与普通木制品、金属制品相比更防水、防潮。可直接用于 $-20\ ℃\sim70\ ℃$ 恶劣气候条件下的干、湿环境，且不会变形、开裂、翘曲、发霉、腐蚀。生态木可广泛用于各类园林、休闲娱乐场所、商业展示空间和高档雅舍的户内外墙面、地面、顶面造型的使用。

2.3 塑料顶棚

2.3.1 塑料的组成

建筑塑料制品多数是以合成树脂为基本材料，再加入一些改性作用的添加剂，经混炼、塑化并在一定压力和温度下制成的。

视频：塑料

1. 树脂

树脂是塑料的基本组成材料，是塑料中的主要成分，其用量占塑料用量的 $30\%\sim60\%$，它在塑料中起胶结作用，不仅能自身胶结，还能将其他材料牢固地胶结在一起。它决定塑料的硬化性质和工程性质。

2. 添加剂

为了满足应用要求，塑料中需要加入多种作用不同的添加剂。常用的添加剂有以下几种：

(1)填充剂。填充剂又称填料，是绝大多数塑料中不可缺少的原料。在塑料中加入填充剂一方面可降低产品的成本；另一方面可以改善产品的某些性能，如提高塑料的强度、韧性、耐热性、耐老化性、抗冲击性等。填充剂应满足易被树脂润湿、与树脂有良好的黏附性、性质稳定、价低、来源广的要求。常见的填充剂有滑石粉、硅藻土、石灰石粉、云母、石墨、石棉、玻璃纤维等，还可用木粉、纸屑、废棉、废布等。

(2)稳定剂。稳定剂是一种可使塑料长期保持工程性质，延缓或抑制塑料过早老化的添加剂。按所发挥的作用不同，稳定剂可分为热稳定剂、光稳定剂及抗氧剂等。常用的稳定剂有硬脂酸盐、铅化物等。

(3)增塑剂。增塑剂是指能降低塑料熔融黏度和温度，增加可塑性和流动性，以利于加工成型的添加剂。对增塑剂的要求是与树脂的相容性好，无色、无毒、挥发性小。常用的增塑剂有邻苯二甲酸酯类、磷酸酯类等。

(4)润滑剂。润滑剂是为了防止塑料在加工过程中对设备和模具发生黏附现象，改进制品的表面光洁程度，降低界面黏附而加入的添加剂。润滑剂对成型加工和对制品质量有着重要的影响，特别是在聚氯乙烯塑料加工过程中不可缺少。常用的润滑剂有液体石蜡、硬脂酸及其盐类。

(5)着色剂。着色剂又称色料，其作用是将塑料染制成所需要的颜色。着色剂除满足色彩要求，还应具有附着力强、分散性好、稳定性好等特性。常用的着色剂是有机或无机的染料或颜料。

2.3.2　塑料的特性

（1）密度小、比强度高。塑料密度一般为 $0.8 \sim 2.2\ g/cm^3$，为天然石材密度的 $1/3 \sim 1/2$，混凝土密度的 $1/2 \sim 2/3$，钢材密度的 $1/8 \sim 1/4$。塑料的比强度（强度除以密度）远高于水泥、混凝土，接近或超过钢材，是一种优良的轻质高强材料。

（2）耐腐蚀性好。大多数塑料对酸、碱、盐等腐蚀性物质的作用具有较高的抵抗性。热固性塑料不能被有机溶剂溶解，仅可能出现一定的溶胀。

（3）电绝缘性好。大多数塑料具有优良的电绝缘性，在高频电压下，可以作为电容器的介电材料和绝缘材料。

（4）加工和成型的工艺性能良好。塑料的加工成型方法很多，而且加工方法简单。热塑性塑料在很短时间内即可成型，塑料也可以采用机械加工，多数塑料也适用焊接加工。

（5）装饰性好。塑料制品不仅可以着色，而且色彩鲜艳持久。可通过照相制版印刷，模仿天然材料的纹理，如木纹、大理石纹等；还可电镀、热轧、烫金制成各种图案和花型，使其表面具有立体感和金属质感。

（6）耐热性差。大多数塑料只可在 100 ℃以下使用，有的使用温度不能超过 60 ℃，少数可以在 200 ℃左右的条件下使用。高于这些温度，塑料会出现软化、变形等现象。

（7）较易变形。大多数塑料比金属容易变形，这是塑料最大的缺点。塑料即使在常温下，经过长时间受力，也会缓慢变形并随温度的升高而蠕变加剧。添加了填料或使用了金属、玻璃纤维、碳纤维等增强材料的塑料，可使所受外力分布到较大的面积上，减轻蠕变。

2.3.3　常用塑料品种

常用的塑料品种有聚氯乙烯（PVC）、聚乙烯（PE）、聚丙烯（PP）、聚苯乙烯（PS）及ABS塑料，用这些品种的原料可制成塑料板材、塑料管材、塑料卷材和塑料门窗等制品。

1. 聚氯乙烯（PVC）

PVC是建筑中应用最大的一种塑料，它是一种多功能材料，通过改变配方，可制成硬质的，也可制成软质的。PVC含氯量为56.8%，由于含有氯，具有自熄性，这对其用作建材十分有利。

2. 聚乙烯（PE）

PE是一种结晶性高聚物，结晶度与密度有关，一般密度越高，结晶度也越高。其按密度可分为高密度聚乙烯（HDPE）和低密度聚乙烯（LDPE）两大类。

3. 聚丙烯（PP）

PP的密度为 $0.90\ g/cm^3$ 左右。PP的燃烧性与PE接近，易燃且会滴落，引起火焰蔓延。它的耐热性比较好，在 100 ℃时还能保持常温时抗拉强度的一半。

4. 聚苯乙烯（PS）

PS为无色透明类似玻璃的塑料，透光度可达88%～92%。PS的机械强度较高，但抗冲击性较差，即有脆性，敲击时有金属的清脆声音。PS的耐溶剂性较差，能溶于苯、甲苯、乙苯等芳香族溶剂。

5. ABS 塑料

ABS 塑料是由丙烯腈、丁二烯和苯乙烯三种单体共聚而成的。丙烯腈使 ABS 塑料具有良好的耐化学性及表面硬度，丁二烯使 ABS 塑料坚韧，苯乙烯使它具有良好的加工性能。ABS 塑料的综合性能取决于这三种单体在塑料中的比例。

塑料装饰板材是指以树脂为浸渍材料或以树脂为基材，采用一定的生产工艺制成的具有装饰功能的板材。塑料装饰板材具有质量轻、装饰性强、生产工艺简单、施工简便、易于保养、适于与其他材料复合等特点，在装饰工程中得到广泛使用。

2.3.4 塑料扣板（PVC）

塑料扣板又称为 PVC 扣板，是以聚氯乙烯树脂为主要原料，加入适量的抗老化剂、改性剂等，经混炼、压延、真空吸塑等工艺制成的。塑料扣板如图 2-12 所示。

图 2-12 塑料扣板及顶棚

1. 种类

PVC 扣板有单层异形板和中空异形板两种基本结构。单层异形板的断面形式多样，一般为方形板，以使立面线条明显。中空异形板为栅格状薄壁异形断面，该种板材由于内部有封闭的空气腔，所以有优良的隔热、隔声性能。

视频：PVC 扣板的识别与选用

PVC 异形板表面可印制或复合各种仿木纹、仿石纹装饰几何图案，有良好的装饰性，而且防潮、表面光滑、易于清洁、安装简单，常用作墙板和潮湿环境的吊顶板。

2. 规格尺寸

PVC 扣板吊顶最常见的规格就是 20 cm 的宽度，长度是根据房间大小确定的，一般长度有 2 m、4 m、6 m 三种尺寸可以选择。除这种最常见的 PVC 扣板吊顶规格外，在宽度方面，PVC 扣板吊顶尺寸还有 10 cm、20 cm、25 cm、30 cm 四个尺寸可以选择，而长度一般都是 6 m，厚度根据需求不一样还有 7 mm、8.5 mm、9 mm、10 mm、12 mm 五种规格。

3. 检验标准

（1）看产品包装有无厂名、地址、电话、执行标准。如果缺项较多，基本可认定为伪劣产品或不是正规厂家生产。

（2）查验韧性，180°折板边 10 次以上，板边不断裂，韧性刚好。

（3）查验板面牢固：用指甲用力掐板面端头，不产生破裂则板质优良。

（4）优质板：不仅要刚性好，韧性也一定要好，板面色泽光亮，底板色泽纯白莹润，6 m 长的扣板其韧性可直接卷筒携带。

4. 特点与应用

PVC 吊顶是近年来发展起来的吊顶新型装饰材料。它以 PVC 为原料，经加工成为企口式型材，具有质量轻、安装简便、防水、防潮、防蛀的特点。其表面的花色图案变化也非常多，并且耐污染、好清洗，有隔声、隔热的良好性能，特别是新工艺中加入了阻燃材料，使其能离火即灭，使用更为安全。它成本低、装饰效果好，因此，在家庭装修吊顶材料中占有重要的位置，成为卫生间、厨房、盥洗间、阳台等吊顶的主导材料。

绿色、共享、生态、环保

中国废塑料回收利用量居世界第一

废塑料为人类生活带来巨大便捷的同时，因其自身难以自然降解，给环境治理带来严峻挑战。塑料污染问题逐渐成为仅次于气候变化的全球第二大焦点环境问题。统计显示，1950—2017 年，全球累计生产约 92 亿吨塑料，预计到 2050 年，全球塑料累计产量将达到 340 亿吨，年塑料废弃物产生量约为 3 亿吨。作为塑料生产和消费大国，我国塑料废弃物年产生量达 6 000 万吨。中国宏观经济研究院经济体制与管理研究所与中国社会科学院数量与技术经济研究所 2022 年 4 月联合发布的《中国塑料污染治理理念与实践》指出，经过多年努力，中国构建起较为完善的废塑料回收利用体系，废塑料回收与再生利用产能和产量都位居世界第一。

面对塑料污染问题，我国不断加强塑料废弃物的回收和利用，积极发展塑料循环经济，从生产、消费、流通和处置等环节推行全生命周期治理，加快构建从塑料设计生产、流通消费到废弃后回收处置的闭合式循环发展模式，探索塑料使用与生态环境保护的协调发展之路。新技术的应用和新产品的开发受到越来越多的重视，企业环保设施逐步完善，二次污染得到有效控制，行业不规范的现象得到了很大改观。根据权威机构统计，2020 年我国废塑料末端流向：填埋 1 092 万吨，焚烧 1 681 万吨，回收 4 059 万吨，再生 3 653 万吨。经济合作与发展组织（OECD）全球塑料展望数据库的数据表明：中国的废弃塑料回收再利用率远高于世界平均水平。

2.3.5　PVC 格栅板

PVC 格栅板具有空间体形结构，可大大提高其刚度，不但可减少板面的翘曲变形而且可吸收 PVC 塑料板面在纵横两个方面的热伸缩。格栅板立体感、层次感强，可形成迎光面和背光面的强烈反差，使空间气氛活跃，极富光影装饰效果。冷气口、排风口、灯具可直接装在格栅上面，不影响整体效果，通风性好。常用的规格为 500 mm×500 mm，厚度为 2～3 mm。PVC 格栅板常用作体育馆、图书馆、展览馆或医院等公共建筑的墙面或吊顶。PVC 格栅板如图 2-13 所示。

2.3.6 聚碳酸酯采光板(PC 板)

聚碳酸酯采光板，俗称阳光板，是以聚碳酸酯塑料为基材，采用挤出成型工艺制成的栅格状中空结构异形断面板材，常用的板面规格为 5 800 mm×1 210 mm。

聚碳酸酯采光板的特点为轻、薄、刚性大、不易变形、能抵抗暴风雨、冰雹、大雪引起的破坏性冲击；色调多，外观美丽，有透明、蓝色、绿色、茶色、乳白等多种色调，极富装饰性；基本不吸水，有良好的耐水性和耐湿性；透光性好；隔热、保温。

图 2-13　PVC 格栅顶棚

聚碳酸酯采光板适用于遮阳棚、大厅采光天幕、游泳池和体育场馆的顶棚、大型建筑和庭园的采光通道、温室花房或蔬菜大棚的顶罩等，如图 2-14 所示。

图 2-14　聚碳酸酯采光板

2.3.7 玻璃钢板

玻璃钢(简称 GRP)是以合成树脂为基体，以玻璃纤维或其制品为增强材料，经成型、固化而成的固体材料。

玻璃钢装饰制品具有良好的透光性和装饰性，可制成色彩艳丽的透光或不透光构件；强度高、质量轻，是典型的轻质高强材料；成型工艺简单灵活，可制作造型复杂的构件；具有良好的耐化学腐蚀性和电绝缘性；耐湿、防潮。玻璃钢制品最大的缺点是表面不够光滑，如图 2-15 所示。

2.3.8 ETFE 膜材料

ETFE 是最强韧的氟塑料，它在保持了 PTFE(聚四氟乙烯)良好的耐热、耐化学性能和电绝缘性能的同时，耐辐射和力学性能也能有很大程度的改善，拉伸强度可达到 50 MPa，接近 PTFE 的 2 倍。

ETFE 薄膜适用建造需要充足室内阳光的建筑空间的屋盖或墙体。ETFE 膜材料允许产生大的弹性变形，具有轻质与优良的透光性

图 2-15　玻璃钢透明瓦

能，质量约为同等尺寸玻璃板的 1/100。

ETFE 薄膜的实际使用始于 20 世纪 90 年代，主要作为农业温室的覆盖材料、各种异型建筑物的篷膜材料，如运动场看台、建筑锥形顶、娱乐场、旋转餐厅篷盖、娱乐厅篷盖、停车场、展览馆和博物馆等。

ETFE 薄膜使用寿命为 25～35 年，是用于永久性多层可移动屋顶结构的理想材料。该膜材料多用于跨距为 4 m 的两层或三层充气支撑结构，也可根据特殊工程的几何和气候条件，增大膜跨距。膜长度以易安装为标准，一般为 15～30 m。小跨度的单层结构也可用较小规格。ETFE 薄膜顶棚如图 2-16 所示。

图 2-16　ETFE 薄膜顶棚

2.4　金属顶棚

2.4.1　不锈钢板

不锈钢是指耐空气、蒸汽、水等弱腐蚀介质和酸、碱、盐等化学侵蚀性介质腐蚀的钢，又称不锈耐酸钢。建筑装饰工程中使用不锈钢，主要是借助于其表面的光泽特性及金属质感，达到装饰目的。

1. 分类

(1) 镜面不锈钢板。不锈钢板表面经过抛光，可使表面平滑、光亮，光线的反射率可达 95% 以上，故称为镜面不锈钢板。镜面板材表面相对较易划伤，不易用于经常磕碰和受污染的部位。为保护其表面在加工和施工过程中人员不受损害，常加贴一层塑料保护膜，待竣工后再揭去，如图 2-17(a) 所示。

(2) 亚光不锈钢板。将不锈钢板抛光后，再经喷砂处理，则可压制出柔光(无光或亚光)装饰板。亚光板的反光率在 50% 以下，其光泽柔和，不晃眼，用于室内外，可产生一种很柔和、稳重的艺术效果，如图 2-17(b) 所示。

(3) 浮雕不锈钢板。若将不锈钢板表面制成图案，则可压制出浮雕不锈钢板。浮雕不锈钢板表面不仅具有金属光泽，还有富于立体感的浮雕纹路，它是经辊压、研磨、腐蚀或雕刻而成的。一般蚀刻深度为 0.015～0.5 mm，钢板在加工前，必须先经过正常的研磨和抛光，比较费工，价格也较高，如图 2-17(c) 所示。

(4) 拉丝不锈钢板。不锈钢拉丝一般有直丝纹、雪花纹、尼龙纹几种效果。直丝纹是从上到下不间断的纹路，一般采用固定拉丝机工件前后运动即可。雪花纹是现在最为流行的一种，如图 2-17(d) 所示。

（5）彩色不锈钢板。彩色不锈钢板色彩绚丽，是一种非常好的装饰材料，用它进行装饰尽显雍容华贵的品质。彩色不锈钢板同时具有抗腐蚀性强、机械性能较高、彩色面层经久不褪色、色泽随光照角度不同会产生色调变幻等特点。彩色不锈钢板彩色面层能耐200 ℃的温度，耐盐雾腐蚀性能比一般不锈钢好；彩色不锈钢板耐磨和耐刻画性能相当于箔层涂金的性能。彩色不锈钢板当弯曲90°时，彩色层不会破坏，可用作厅堂墙板、顶棚、电梯轿厢板、车厢板、建筑装潢、招牌等装饰之用，如图2-17（e）所示。

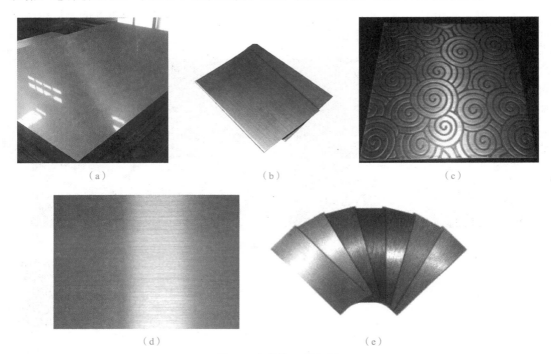

（a） （b） （c）

（d） （e）

图 2-17 装饰不锈钢板

（a）镜面不锈钢板；（b）亚光不锈钢板；（c）浮雕不锈钢板；（d）拉丝不锈钢板；（e）彩色不锈钢板

2. 尺寸规格

普通不锈钢板材的长度为 1 830 mm、2 400 mm、3 000 mm、3 600 mm、4 000 mm、5 000 mm、6 000 mm 等，宽度为 900～1 200 mm，厚度为 0.35～2.0 mm。

2.4.2 彩色涂层钢板

彩色涂层钢板是指在镀锌钢板、镀铝钢板、镀锡钢板或冷轧钢板表面涂覆彩色有机涂料或薄膜的钢板。涂层一方面起到保护金属的作用；另一方面起到装饰作用。常用的涂层有无机涂层、有机涂层和复合涂层三大类。以有机涂层钢板发展最快，主要原因是有机涂层原料种类丰富、色彩鲜艳、制作工艺简单。有机涂料常采用聚氯乙烯、聚丙烯酸酯、醇酸树脂、聚酯、环氧树脂等。彩色涂层钢板如图2-18所示。

1. 分类

彩色涂层钢板可以按照其用途、表面状态、涂料种类及基材种类等进行分类，见表2-9。

图 2-18　彩色涂层钢板

表 2-9　彩色涂层钢板的分类

分类方法	类别
按用途分	建筑室外用、建筑室内用、家用电器
按表面状态分	涂层板、印花板、压花板
按涂料种类分	外用聚酯、内用聚酯、硅改性聚酯、外用丙烯酸、内用丙烯酸、塑料溶胶、有机溶胶
按基材种类分	低碳钢冷轧钢带、小锌花平整钢带、大锌花平整钢带、锌铁合金钢带、电镀锌钢带

2. 规格尺寸

彩色涂层钢板的长度一般有 1 800 mm、2 000 mm，宽度为 450 mm、500 mm、1 000 mm，厚度有 0.35、0.4、0.5、0.6、0.7、0.8、1.0、1.5(mm)等多种规格。

3. 特点与应用

彩色涂层钢板的最大特点是发挥了金属材料与有机材料各自的特性，不但具有较高的强度、刚性，而且还具有良好的耐腐蚀性和装饰性，涂层附着力强，且具有良好的耐污染、耐高低温、耐沸水浸泡性、绝缘性好，加工性能好，可切割、弯曲、钻孔、卷边等。

在建筑装饰中，彩色涂层钢板主要用于建筑物内外墙板、吊顶、屋面板、护壁板、门面招牌的底板，还可用于防水渗透板、排气管、通风管、耐腐蚀管道、电气设备罩、汽车外壳等。

2.4.3　彩色压型钢板

彩色压型钢板的原板多为热轧钢板和镀锌钢板，在生产中敷以各种防腐耐蚀涂层与彩色烤漆，是一种轻质、高效的围护结构材料，如图 2-19 所示，加工简单，施工方便，色彩鲜艳，耐久性强。

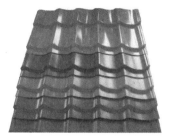

图 2-19　彩色压型钢板

1. 种类

彩色压型钢板可根据压型板的长度、宽度及保温设计要求和选用材料制作不同长度、宽度、厚度的复合板。复合板的接缝构造基本有两种：一种是在墙板的垂直方向设置企口边，这种墙板看不到接缝，整体性好；另一种是不设企口边，复合板的保温材料可选用聚苯乙烯泡沫板或者矿渣棉板、玻璃棉板、聚氨酯泡沫塑料。

2. 产品标记

彩色压型钢板的型号由四部分组成：压型钢板的代号（YX）、波高 H、波距 S、有效覆盖宽度 B。例如，YX38—175—700 表示波高为 38 mm、波距为 175 mm、有效覆盖宽度为 700 mm 的压型钢板。

3. 特点及应用

彩色压型钢板的基材钢板厚度只有 0.5～1.2 mm，属薄型钢板，但经轧制或冷弯成异型后，使板材的抗弯刚度大大提高，受力合理、自重减轻，同时具有抗震、耐久、色彩鲜艳、加工简单、安装方便等特点。广泛用于外墙、屋面、吊顶及夹芯保温板材的面板等，使建筑物表面洁净、线条明快、棱角分明，极富现代风格。

2.4.4 彩色复合钢板

彩色复合钢板是以彩色压型钢板为面板，以结构岩棉或玻璃棉、聚苯乙烯为芯材，用特种胶粘剂粘结的一种既可保温隔热又可防水的板材，如图 2-20 所示。彩色复合钢板主要产品有彩钢岩棉复合板和彩钢聚苯复合板。彩色复合钢板长度一般小于 10 m，宽度为 900 mm，厚度有 50 mm、80 mm、100 mm、120 mm、150 mm、200 mm 等多种规格。彩色复合钢板主要用于钢筋混凝土或钢结构框架体系建筑的外围护墙、屋面及房屋夹层等。

图 2-20　彩色复合钢板

2.5　铝合金顶棚

铝是有色金属中的轻金属，外观呈银白色，密度为 2.7 g/cm³。在铝中加入铜、锰、硅等合金元素就形成铝合金，其特性既保持了铝质量轻的特性，又提高了其力学性能。铝合金分为防锈铝合金、硬铝合金、超硬铝合金、锻铝合金、铸铝合金等几种类型。

视频：铝合金板材
的识别与选用

由于铝合金具有很好的延展性、硬度低、易加工等优点，因此铝及铝合金以其特有的结构和建筑装饰效果，广泛应用于建筑结构及装饰工程，如幕墙、门窗、吊顶、阳台等部位及其他室内装饰。

2.5.1　铝扣板

铝合金扣板(铝扣板)一般以铝合金板材为基底，表面通过吸塑、喷涂、抛光等工艺制成，光洁艳丽，色彩丰富。

1. 分类

铝扣板按表面处理工艺，大体分为喷涂板、滚涂板、覆膜板及钛金板四种。

(1)喷涂板表面喷涂纯聚酯粉末，板面颜色一般为白色、浅黄色、浅蓝色。

(2)滚涂板采用了引进的高科技并配合高性能的滚涂加工工艺，可有效地控制板材的精度、平整度。

(3)覆膜板是近年来家装铝扣板市场上较为流行的工艺产品，其膜又分为珠光膜和亚光膜，是选用 PVC 膜与复涂彩色涂料复合而成的，表面花纹、色彩丰富，并具有抗磨、耐污渍、方便擦洗等优点。

(4)钛金、氟碳板采用了独特的阳极氧化处理技术，对旧有的电气化学光亮处理技术进行了革命性的突破，能够有效地保护物料免被侵蚀。该类板抗静电、不吸尘且容易清洗，防火，具有优良的散热性，阳极氧化工艺处理的表面永不脱落，特别适合家居选用。

2. 规格尺寸

铝扣板一般有两种板型，即条形板和方形板。条形板的基本板型宽度分为 25 mm、50 mm、100 mm、150 mm、200 mm，长度一般为 3 m 或 6 m。方形板规格有 600 mm×600 mm、500 mm×500 mm、300 mm×300 mm、300 mm×600 mm、300 mm×1 200 mm、600 mm×1 200 mm 等。一般家用铝扣板根据目前居室内厨房和卫生间面积来看，宜选用较小板型，300 mm×300 mm 较为适合。

3. 特点及应用

铝扣板板面平整，棱线分明，吊顶系统体现出整齐、大方、富贵高雅、视野开阔的外观效果。铝扣板具备阻燃、防腐、防潮、耐久性强、不易变形、不易开裂的优点，而且装拆方便，每件板均可独立拆装，方便施工和维护。如需调换和清洁吊顶面板时，可用磁性吸盘或专用拆板器快速取板，也可在穿孔板背面覆加一层吸声面纸或黑色阻燃棉布，能够达到一定的吸声标准。铝合金扣板与传统的吊顶材料相比，质感和装饰感方面更优，可集成吊顶，如图 2-21 所示。

2.5.2　铝格栅

铝格栅是近几年来生产的吊顶材料之一，铝格栅具有开放的视野，通风、透气，其线条明快整齐，层次分明，体现了简约明了的现代风格，安装拆卸简单方便，成为近些年风靡装饰市场的主要产品。

1. 铝格栅的分类

铝格栅主要可分为凹槽铝格栅和平面铝格栅。

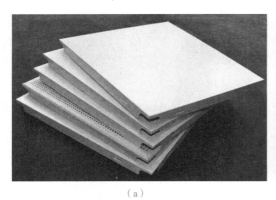
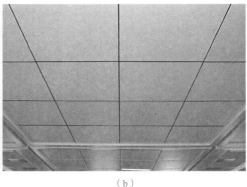

（a）　　　　　　　　　　　　　　　　（b）

图 2-21　铝扣板及铝扣板吊顶

（a）铝扣板；（b）铝扣板吊顶

2. 规格尺寸

铝格栅常用规格（仰视见光面）的标准厚度为 10 mm 或 15 mm，高度有 20 mm、40 mm、60 mm 和 80 mm 可供选择。铝格栅格子尺寸分别有 50 mm×50 mm、75 mm×75 mm、100 mm×100 mm、125 mm×125 mm、150 mm×150 mm、200 mm×200 mm。片状格栅常规尺寸为 10 mm×10 mm、15 mm×15 mm、25 mm×25 mm、30 mm×30 mm、40 mm×40 mm、50 mm×50 mm、60 mm×60 mm，间距越小，价格越高。

3. 铝格栅的特点及应用

铝格栅吊顶是一种由主、副龙骨纵横分布、结构科学，具有透光、通风性好的透气组合吊顶，造型新颖，具有强烈的空间立体感。格栅吊顶适宜大面积吊装，其视角连续平整，富有立体感和层次感，利用率高，装拆方便，冷气口、排气口、音响、烟感器、灯具可装在吊顶内，适用超市、商店、食堂、展厅、歌舞厅等。铝格栅及铝格栅吊顶如图 2-22 所示。

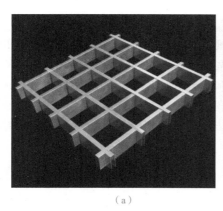
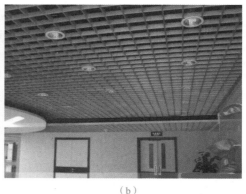

（a）　　　　　　　　　　　　　　　　（b）

图 2-22　铝格栅及铝格栅吊顶

（a）铝格栅；（b）铝格栅吊顶

2.5.3　铝方通

铝方通及铝方通吊顶如图 2-23 所示。铝方通也是近几年来生产的吊顶材料之一，铝方通与铝格栅一样，具有开放的视野，通风、透气，其线条明快整齐，层次分明，安装拆卸简单方便，在近些年装饰市场非常受欢迎。

（a）　　　　　　　　　　　　　　（b）

图 2-23　铝方通及铝方通吊顶

(a)铝方通；(b)铝方通吊顶

1. 分类

铝方通主要可分为铝板铝方通和型材铝方通。铝板铝方通通过连续滚压或冷弯成型，安装结构为专用龙骨卡扣式结构，安装方法类似普通的条形扣板，简单方便，适用室内装饰(龙骨可设计防风卡码)。型材铝方通由特色铝材通风挤压成型，产品硬度，直线度远远超过其他产品，安装结构为利用上层主骨，构件与型材以螺栓连接，防风性强，适用户外装饰(龙骨间距可任意调节)。特殊的铝方通可拉弯成弧形，弧形铝方通的出现为设计师提供更为广阔的构想空间，以创造出更独特美观的作品。

2. 规格尺寸

铝方通规格：底宽一般为 20～400 mm，高度为 20～600 mm，厚度为 0.4～3.5 mm。

3. 特点及应用

安装铝方通可以选择不同的高度和间距，可一高一低、一疏一密，加上合理的颜色搭配，令设计千变万化，能够设计出不同的装饰效果。由于铝方通是通透式的，可以把灯具，空调系统，消防设备置于吊顶内，以达到整体一致的完美视觉效果。

铝方通吊顶适用隐蔽工程繁多、人流密集的公共场所，便于空气的流通、排气、散热的同时，能够使光线分布均匀，使整个空间宽敞明亮。其广泛应用于地铁、高铁站、车站、机场、大型购物商场、通道、休闲场所、公共卫生间、建筑物外墙等开放式场所。

2.5.4　铝塑板

铝塑板是由表面经过处理并用涂层烤漆的铝板作为表面，聚氯乙烯塑料板作为芯层，经过一系列工艺过程加工复合而成的材料。简单地说就是以塑料为芯层，外贴铝板的三层复合材料，如图 2-24 所示。

1. 分类

铝塑板品种比较多，通常按用途、产品功能和表面装饰效果进行分类。

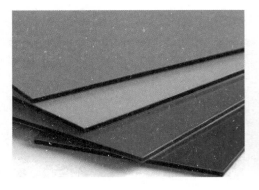

图 2-24 铝塑板

铝塑板按用途可分为建筑幕墙用铝塑板、外墙装饰与广告用铝塑板、室内用铝塑板；按产品功能可分为防火板、抗菌防霉铝塑板、抗静电铝塑板；按表面装饰效果可分为涂层装饰铝塑板、氧化着色铝塑板、贴膜装饰复合板、彩色印花铝塑板、拉丝铝塑板、镜面铝塑板。

2. 规格尺寸

铝塑板的常用规格标准尺寸为 1 220 mm×2 440 mm，厚度为 3 mm、4 mm、5 mm、6 mm、8 mm；其他宽度为 1 220 mm、1 500 mm，长度为 2 440 mm、3 000 mm、6 000 mm。

3. 特点及应用

铝塑板表面铝板经过阳极氧化和着色处理，色泽鲜艳。由于采取了复合结构，铝塑板兼有金属材料和塑料的优点，主要特点为质量轻、坚固耐久，可自由弯曲，弯曲后不反弹，因此成型方便。由于经过阳极氧化和着色、涂装表面处理，所以不但装饰性好，而且有较强的耐候性，可锯、铆、刨（侧边）、钻，可冷弯、冷折，易加工、组装、维修和保养。

铝塑板应用于各类室内外墙面装饰；机场、车站、宾馆、娱乐场所、高档住宅及写字楼的幕墙装饰和室内装饰；大型广告牌等广告宣传品的制作；吊顶、厨房和卫生间的精装修；店面、展示厅的装修；家具制作。

2.5.5　铝合金蜂窝板

铝合金蜂窝芯复合板简称铝合金蜂窝板，其外表层为 0.2～0.7 mm 的铝合金薄板，中心层用铝箔、玻璃布或纤维制成蜂窝结构，铝板表面喷涂聚合物着色保护涂料——聚偏二氟乙烯，在复合板的外表面覆以可剥离的塑料保护膜，以保护板材表面在加工和安装过程中不致受损，如图 2-25 所示。

1. 规格尺寸

铝合金蜂窝板规格：长度≤5 000 mm，宽度≤1 500 mm，厚度为 5～100 mm，特殊规格尺寸可由供需双方商定。

2. 特点及应用

铝合金蜂窝板的特点如下：

（1）密度小、强度高、刚度大、结构稳定、抗风压性好。

（2）隔声、隔热、防火、防震功能突出。

（3）表面有惊人的平坦性，且色彩多样化。

（4）装饰性强，安装方便、快捷。

铝合金蜂窝板作为高级饰面材料，可用于各种建筑的幕墙系统，也可用于室内墙面、屋面、顶棚、包柱等工程部位。

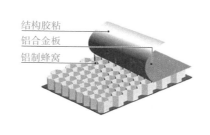
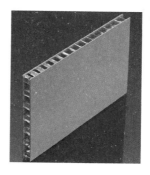

图 2-25　铝合金蜂窝板

2.6　吸声顶棚

2.6.1　矿棉装饰吸声板

矿棉装饰吸声板又称矿棉装饰板、矿棉吸声板、矿棉板，是以矿渣棉为主要原料，加入适量胶粘剂，经加压、烘干、木质等工艺加工而成的。

1. 分类

矿棉装饰吸声板通常有滚花、浮雕、立体、印刷、贴面等。图 2-26 所示为矿棉装饰吸声板。

2. 规格尺寸

图 2-26　矿棉装饰吸声板

矿棉装饰吸声板的规格有长方形和正方形。其规格尺寸见表 2-10。

表 2-10　矿棉吸声板规格尺寸　　　　　　　　　　　　　　　　　　mm

长度	宽度	厚度
500、1 000	500	9
600、1 200	300、600	12
		15
1 800	375	18

3. 产品标记

标记顺序为产品名称、分类代号、规格尺寸、标准号、企业产品自编号也可列于其后。

4. 特点与应用

矿棉装饰吸声板具有轻质、吸声、防火、保温、隔热、装饰效果好等优异性能。其适用宾馆、会议大厅、写字楼、机场候机大厅、剧院、电影放映室等公共建筑吊顶装饰。

2.6.2　其他装饰吸声板

1. 玻璃棉装饰吸声板

玻璃棉装饰吸声板是以玻璃棉为主要原料，加入适量胶粘剂、防潮剂、防腐剂等，经加压、烘干、表面加工等工序而制成的吊顶装饰板材。表面处理通常采用贴附具有图案花纹的 PVC 薄膜、铝箔，由于薄膜或铝箔具有大量开口孔隙，因而具有良好的吸声效果[图 2-27(a)]。

玻璃棉装饰吸声板具有轻质、吸声、防火、隔热、保温、装饰美观、施工方便等特点，适用宾馆、大厅、影剧院、音乐厅、体育馆、会场、船舶及住宅的室内吊顶。

2. 钙塑泡沫装饰吸声板

钙塑泡沫装饰吸声板是聚乙烯树脂加入轻质碳酸钙无机填料、发泡剂、交联剂、润滑剂、颜料等经混炼、模压、发泡而成的。其有一般板和难燃板（加入阻燃剂）两种，表面有各种凹凸图案及穿孔图案。

钙塑泡沫装饰吸声板具有轻质、吸声、耐热、耐水及施工方便等优点，适用大会堂、电视台、广播室、影剧院、医院、工厂及商店建筑室内吊顶。其规格有 300 mm×300 mm、400 mm×400 mm、610 mm×610 mm 等，厚度为 4～7 mm 等。

3. 聚酯纤维吸声板

聚酯纤维吸声板是以聚酯纤维为原料，经过热压处理而制成。聚酯纤维吸声板所组成的吸声体除吸声系数大、吸声频率宽等优异的声学性能外，还具有良好的物理力学性能及室内性能。产品与其他多孔材料的吸声特性类似，吸声系数随频率的提高而增加，高频的吸声系数很大，其后背的留空腔及用它构成的空间吸声体可大大提高材料的吸声性能。降噪系数为 0.80～1.10，成为宽频带的高效吸声体[图 2-27(b)]。

聚酯纤维吸声板具有吸声、隔热保温特性，而且板的材质均匀坚实，富有弹性、韧性、耐磨、抗冲击、耐撕裂、不易划破、板幅大（2 440 mm×1 220 mm×9 mm）。聚酯纤维吸声板有 10 多种颜色可供选择。可以拼成各种图案，表面形状有平面、方块（马赛克状）、宽条、细条等。板材可弯曲成曲面形状，可使室内装饰设计更加灵活多变。

4. 木质吸声板

木质吸声板分为槽木吸声板和孔木吸声板两种。

槽木吸声板是一种在密度板的正面开槽，背面穿孔的狭缝共振吸声材料，常用于墙面或吊顶装饰。

槽木吸声板的芯材选用 15 mm 或 18 mm 厚，密度为 720 kg/m³ 的中密度板，采用木皮、三聚氰胺涂饰层作为表层，用黑色的吸声薄毡粘贴在吸声板背面。

产品具有优良的降噪吸声特点，对中、高频吸声效果尤佳。表面具有天然木质纹理，古朴自然，适用影剧院、录音棚、电视电台、体育馆、大礼堂、教学楼等噪声大的场所。

如果是在密度板的正面和背面都开圆孔所制成的吸声板，称为孔木吸声板。其性能和原理与槽木吸声板类似。

5. 金属微穿孔吸声板

金属微穿孔吸声板是根据声学原理，利用各种不同穿孔率的金属板来达到消除噪声的目的。材质根据需要选择，有不锈钢板、防锈铝板、铝合金板、电化铝板、镀锌钢板等。孔形有圆孔、方孔、长圆孔、长方孔、三角孔、大小组合孔等不同的孔形，是近年来发展起来的一种降噪处理的新型装饰材料[图 2-27(c)]。

金属微穿孔板具有质轻高强、耐高温、耐高压、耐腐蚀、防火、防潮、化学稳定性好、吸声、造型美观、立体感强等优点，广泛用于宾馆、会议大厅、机场候机楼、车站候车室、码头候船室、影剧院等建筑物室内吊顶装饰。

6. 珍珠岩装饰吸声板

珍珠岩装饰吸声板又称珍珠岩吸声板，是以膨胀珍珠岩粉及石膏、水玻璃配以其他辅料，经拌和加工，加入配筋材料压制成型，并经热处理固化而成的。产品可分为普通膨胀珍珠岩装饰吸声板和防潮珍珠岩装饰吸声板。珍珠岩装饰吸声板具有轻质、美观、吸声、隔热、保温等特点，可用于室内顶棚、墙面装饰[图2-27(d)]。

（a）　　　　　　　　　　　　　　　　　（b）

（c）　　　　　　　　　　　　　　　　　（d）

图 2-27　其他装饰吸声板

（a）玻璃棉装饰吸声板；（b）聚酯纤维吸声板；（c）金属微穿孔吸声板；（d）珍珠岩装饰吸声板

2.7　其他顶棚装饰面层材料

2.7.1　纸面稻草板

纸面稻草板是以洁净、干燥的稻草为原料，经处理、热压成型、表面用树脂胶牢固粘结高强度硬纸而成的。产品外观规整、表面平滑、棱角分明且交成直角或倒角，具有良好的保温、隔热性能。产品强度高、质轻、刚性好、难燃、可加工性好，广泛用于宾馆、饭店、办公室、影剧院、住宅内墙或吊顶。

2.7.2　塑钢雕花顶棚板

塑钢雕花顶棚板是以三合板和 PVC 贴面板真空贴合而成的一种新型吊顶装饰材料，具有表面光滑、硬度高、防水、防腐、防火、隔声、不变形、色泽鲜艳等特点，适用于公共建筑和家庭室内吊顶装饰。

2.7.3　铝木复合装饰板

铝木复合装饰板是采用高纯度铝片和三合板、纤维板，经高温、高压复合成的一种新型装饰材料。产品具有防火、隔声、轻质、可刨钉、易清洗、耐冲击、加工性好、不褪色、施工方便、易保养等特点，适用于室内装饰和吊顶装饰。

2.7.4　高密度聚氨酯发泡装饰件

高密度聚氨酯发泡装饰件以聚氨酯为主要材料，用先进的加工工艺模铸成型制得的一种取代石膏，性能优于木材的新型装饰线系列产品。其有各种规格的浮雕花角线、腰线、墙裙线、柱头、罗马柱、柱座、灯圈等产品。花角、灯圈常用于吊顶装饰。

2.7.5　玻璃钢顶棚板灯池

玻璃钢顶棚板灯池是仿中世纪欧洲宫廷精巧雕塑图案静心设计制作的，将顶棚板和灯池合二为一的新型中高档室内装饰材料。它是以不饱和聚酯树脂为胶粘剂，以玻璃纤维为增强材料精制而成的。

玻璃钢顶棚板灯池由于采用整体制作，强度大、不变形、易安装，可直接安装各种装潢灯具。制品表面脏污后可用水或洗涤剂刷洗，长久保持图案新颖，适用会议室、客厅、办公室、餐厅、商场购物大厅等各类建筑物室内吊顶装饰，具有很高的艺术观赏性和独特的装饰效果。

2.7.6　聚苯乙烯彩绘板

聚苯乙烯彩绘板是以聚苯乙烯为基材，经彩绘加工而成的一种新型吊顶装饰板，具有轻质、吸声、隔热、图案精美、高雅美丽的特点，适用于各类建筑顶棚装饰。

模块小结

本模块基于顶面装饰构造层次分为骨架材料和面层材料两部分，讲述了各类常见顶面装饰材料的性能、规格及用途。要求学生掌握各类顶面材料的特性，并能根据不同装饰效果和功能要求合理选择适合的顶面装饰材料。

思考与练习

1. 吊顶龙骨的分类有哪些？
2. 纸面石膏板的分类有哪些？简述其特点及应用。
3. 塑料板材有哪些？简述塑料板材的优点。
4. 不锈钢板材有哪些？简述不锈钢板材的优点。
5. 铝合金板材有哪些？简述铝合金板材的优点。
6. 吸声板材有哪些？它们有什么共同的特点？

　　请到当地装饰材料市场，进行顶面装饰材料的市场调研。

　　任务：调查该装饰材料市场上主要销售哪些顶面装饰材料？并任意选择其中三种调查其价格、规格、特点、品牌及生产厂家信息。

　　要求：3～5人为一个小组开展调研活动，任务完成后，以小组为单位提交一份调研过程记录（附照片记录）及调研报告，同时结合本次内容及调研情况，对比不同种类顶面装饰材料各自的特点，探讨如何进行合理的选用。

模块三　地面装饰材料

知识目标	基于地面装饰的不同材料分为木材类地面材料、陶瓷类地面材料、石材类地面材料及其他地面材料四部分，了解各类常见地面装饰材料的性能、规格
技能目标	掌握各类地面材料的特性，并能根据不同装饰效果和功能要求合理选择适合的地面装饰材料
素养目标	感受地面材料中蕴含的中国文化，加强文化自信

>> 学习单元 1　木材类地面材料

　　木地板弹性真实、脚感舒适，是热的不良导体，能起到冬暖夏凉的作用，还可调节室内温湿度。木地板呈现出的天然原木纹理和色彩图案，给人以自然、柔和、高贵典雅的质感。木地板迎合了人们回归自然、追求质朴的心理，使其成为卧室、客厅、书房等地面装修的理想材料。木地板一般包括实木地板、实木复合地板、强化木地板、竹木地板和软木地板。

1.1　实木地板

　　实木地板是天然木材经烘干，不经过任何粘贴处理，用机械设备加工而成的地面装饰材料。其装饰效果如图 3-1 所示。

图 3-1　实木地板装饰效果

1.1.1　实木地板的分类

实木的装饰风格返璞归真，质感自然。实木地板可分为 AA 级、A 级、B 级三个等级。AA 级质量最高，具体分类如下。

1. 按材质划分

实木地板按材质可分为国产材地板和进口材地板。国产材常用的材种有桦木、水曲柳、柞木、水青冈、榉木、榆木、槭木、核桃木、枫木、色木等，最常见的是桦木、水曲柳、柞木；进口材常用的材种有甘巴豆、印茄木、摘亚木、香脂木豆、重蚁木、柚木、古夷苏木、李叶苏木、二翅豆、蒜果木、四籽木、铁线子等。材质决定其硬度，天然木材的色泽和纹理差别也较大。

2. 按表面涂饰划分

实木地板按表面涂饰可分为未涂饰实木地板和涂饰实木地板，如图 3-2 所示。未涂饰实木接板是素板，即木地板表面没有进行涂刷处理，在铺装后必须经过涂刷地板漆后才能使用；涂饰实木地板分为淋漆板和滚涂板，即地板的表面已经涂刷了地板漆，可以直接安装后使用。

（a）　　　　　　　　　　　　　　　　　　（b）

图 3-2　实木地板涂饰效果

(a)未涂饰木地板；(b)涂饰木地板

3. 按铺装方式划分

实木地板按铺装方式可分为平口实木地板、企口实木地板、指接地板、集成材地板、拼花实木地板等，如图 3-3 所示。

（1）平口实木地板：六面均为平直的长方形及六面体或工艺形多面体木地板，除作为地板外，也可作为拼花板、墙裙装饰及吊顶等室内装饰。

（2）企口实木地板：该地板在纵向和宽度方向都开有榫槽，榫槽一般都小于或等于板厚的 1/3，槽略大于榫。绝大多数背面都开有抗变形槽。

（3）指接地板：由等宽、不等长度的板条通过榫槽结合、胶粘而成的地板块，接成以后的结构与企口地板相同。

（4）集成材地板：由等宽小板条拼接起来，再由多片指接材横向拼接，这种地板幅面大、尺寸稳定性好。

（5）拼花实木地板：由小块地板按一定图形拼接而成，其图案有规律性和艺术性，这种地板生产工艺复杂，精密度也较高。

图 3-3　实木地板的铺装方式

(a)平口实木地板；(b)企口实木地板；(c)拼花实木地板；(d)指接木地板；(e)集成木地板

1.1.2　实木地板常用规格

实木地板的规格根据不同树种来订制，一般宽度为 90～125 mm，长度为 450～1 200 mm，厚度为 12～25 mm。优质实木地板表面经过烤漆处理，应具备不变形、不开裂的性能，含水率均控制在 10%～15%。一般规格长度为 450～900 mm，宽度为 90～120 mm，厚度为 12～25 mm。

1.1.3　实木地板的特点

1. 优点

实木地板呈现出的天然原木纹理和色彩图案，给人以自然、柔和、富有亲和力的质感；作为热的不良导体，能起到冬暖夏凉的作用；脚感舒适，真实自然，表面涂层光洁；不含有胶粘剂，无污染，使用安全；构造简单、施工方便。实木地板的优良特性使其成为卧室、客厅、书房等地面装修的理想材料。

2. 缺点

实木地板不耐火、不耐腐、耐磨性差等，但较高级的木地板在加工过程中已进行防腐处理，其防腐性、耐磨性有显著的提高，其使用寿命可提高 5～10 倍。实木地板耐老化性和耐久性也较差，干缩湿胀使尺寸稳定性差，导致产生隙缝甚至是屈曲翘起，因而需要定期打蜡。

1.2　实木复合地板

实木复合地板是利用珍贵木材或木材中的优质部分及其他装饰性强的材料作为表层，材质较差或质地较差部分的竹、木材料作为中层或底层，经高温高压制成的多层结构的地板。

1.2.1 实木复合地板的分类

实木复合地板可分为三层实木复合地板、多层实木复合地板和新型实木复合地板，如图 3-4 所示。

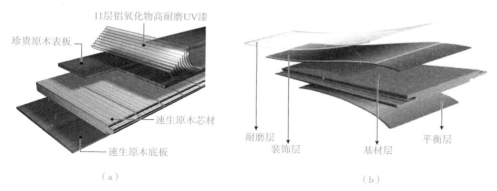

图 3-4　实木复合地板
(a)三层实木复合地板；(b)多层实木复合地板

1. 三层实木复合地板

以实木拼板或单板为面板，以实木拼板为芯层，以单板为底层的三层不同结构的木材粘合制成的复合地板。

面层采用珍贵树种硬木，如榉木、桦木柞木、樱桃木、水曲柳等，厚度一般为 3.5 mm 或 4 mm，既保留了木材的天然纹理，又可经过多次砂磨翻新，确保地板的高档次和长期的使用期。如果面层很薄，表层漆膜损坏后就无法修复，缩短使用寿命。因此，面层板材越厚，耐磨损的时间就长，欧洲三层结构实木复合地板的面层厚度一般要求到 4 mm 以上。

芯层是中间层，为平衡缓冲层，选用质地软、弹性好的树种，常采用白松、杨木等较软的木材。软质木材弹性足、比热大，细胞间隙气体多，使整块地板的弹性好，足感舒适，隔声效果佳，保温效果好。

底层采用旋切单板，也应选用质地软、弹性好的树种，树种多为杨木、松木等低价树种的单板。

2. 多层实木复合地板

多层实木复合地板选择 0.6～1.5 mm 厚度的优质珍贵木材为表层，基材是超过七层的为纵横交错的多层胶合板，经涂树脂胶后在热压机中通过高温高压制作而成的。多层实木地板面层有美观的天然纹理，结构细腻，富于变化，色泽美观大方；价格实惠，多层实木地板与三层实木地板相比，价格低得多；多层实木地板材质好、易加工、可循环利用；有良好的地热适应性能；地板稳定性强。

3. 新型实木复合地板

新型实木复合地板的表层选用硬质木材，如榉木、桦木、柞木、樱桃木、水曲柳等，中间层和底层使用中密度纤维板或高密度纤维板。效果和耐用程度都与三层实木复合地板相差不多。由于新型复合木地板尺寸较大，因此不仅可作为地面装饰，也可作为顶棚、墙面的装饰，如吊顶和墙裙等。

1.2.2 实木复合地板的特点

实木复合地板花纹天然，质感良好，足感舒适。不仅充分利用了优质材料，提高了制品的装饰性，而且由于木材纹理相互垂直胶结不同程度地提高了产品的力学性能，克服了实木地板单向同性的缺点，干缩湿胀率小，尺寸稳定性比实木好，并保留了实木地板的自然木纹和舒适的脚感。具体有以下几个方面优点：

（1）易打理清洁。护理简单，光亮如新，不嵌污垢，易于打扫。表面涂漆处理得很好，耐磨性好，实木复合地板3年内不打蜡，也能保持漆面光彩如新。

（2）质量稳定，不容易损坏。由于实木复合地板的基材采用多层单板复合而成，木材纤维纵横交错成网状叠压组合，使木材的各种内应力在层板之间相互适应，确保了木地板的平整性和稳定性。

（3）价格实惠。

（4）色泽鲜艳，纹路清晰，花色给人以美感。

（5）环保、舒适。避免了强化复合地板甲醛释放量偏高、脚感生硬等弊端。

1.2.3 实木复合地板的规格与应用

实木复合地板可制成大小不同的各种尺寸，一般规格长为1 200 mm、1 800 mm，宽为200 mm，厚为6 mm、7 mm、8 mm等。条状的长度可达2 500 mm，块状的幅面可达1 000 mm×1 000 mm，易于安装和拆卸。企口地板条的规格有（300～400）mm×（60～70）mm×18 mm，（500～600）mm×（70～80）mm×20 mm，（2 000～2 400）mm×（100～200）mm×（20～25）mm等；地板块的规格有（200～500）mm×（200～500）mm×（12～20）mm，600 mm×600 mm×（22～25）mm等。

实木复合地板在施工可以直接铺设，也可以架设木龙骨，多用于家居装修的客厅、卧室，以及会议室、办公室、中高档宾馆、酒店等地面铺设。

1.3 强化木地板

1.3.1 强化木地板的结构

强化木地板又称浸渍纸层压木质地板，强化木地板有三层结构，面层是含有耐磨材料的三聚氰胺树脂浸渍装饰纸；芯层为中、高密度纤维板或刨花板；底层为浸渍酚醛树脂的平衡纸。三层通过合成树脂胶热压而成，如图3-5所示。

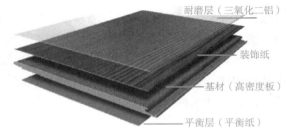

耐磨层（三氧化二铝）

装饰纸

基材（高密度板）

平衡层（平衡纸）

图 3-5　强化木地板

1. 耐磨层

强化地板的表层又称耐磨层，是采用极细的 Al_2O_3（俗称刚玉）或 SiO_2 覆盖在透明浸渍纸上，在工艺上既不遮盖装饰纸上的花纹和色泽，又能均匀且细密地附着在装饰纸的表面。强化地板的耐磨性直接取决于其表层三氧化二铝或二氧化硅的用量，普通居室使用的强化地板，其表层三氧化二铝的用量多为 32 g/m² 或 45 g/m²，而用于人流量较大的公共场所的强化地板，其表层三氧化二铝的用量达 62 g/m²。

2. 装饰层

装饰层是用计算机仿真技术制作的印刷纸，可以是模仿各类树种的木纹装饰纸或模仿各种石材的石纹装饰纸或具有其他特殊图案的装饰纸。利用三聚氰胺树脂浸渍过的计算机仿真木纹或图案装饰纸，具有较强的抗紫外线的能力，经过长时间照射后不会引起褪色。装饰纸的定量一般为 70～90 g/m²。

3. 芯层

强化复合木地板的第三层是基材层即芯层，常用 7～8 mm 厚的中密度或高密度纤维板（MDF 或 HDF）。中密度纤维板密度需在 800 kg/m³ 以上。

4. 平衡层

强化复合木地板的第四层是平衡层，一般采用具有一定强度的厚纸浸渍三聚氰胺树脂或酚醛树脂，平衡纸定量一般在 120 g/m²。平衡纸的主要作用如下：

（1）使产品具有平衡和稳定的尺寸，防止地板翘曲。

（2）增强抗潮、抗湿性能：可以阻隔来自地面的潮气和水分，从而保护地板不受地面潮湿的影响，进一步强化了底层的防潮功能。

1.3.2　强化木地板的特点

1. 优点

强化木地板具有很高的耐磨性，其表面耐磨度为普通油漆木地板的 10～30 倍；有很强的稳定性，内结合强度、表面胶合强度和冲击韧性力学强度也较好；具有良好的耐污染、耐腐蚀、抗紫外线、耐烟头灼烧等性能；美观，可用计算机仿真出各种木纹和图案、颜色；安装简便，维护保养简单。

2. 缺点

强化木地板的脚感或质感不如实木地板，其基层和各层间的胶合不良时，使用中会脱胶分层无法修复，并且强化木地板遭水泡损坏后不可修复。另外，地板中所包含的胶粘剂较多，游离甲醛释放会污染室内环境，这要引起高度重视。

视频：装饰木地板的识别与选用

1.3.3　强化木地板的规格与应用

强化木地板一般规格长度为 1 200～1 300 mm，宽度为 191～195 mm，厚度上一般为 7 mm、8 mm 和 12 mm，其中厚度越高，价格越高。强化木地板施工简单，将地面打扫干净后铺上 PVC 防潮毡，即可直接拼接安装。购买地板时，商家一般会附送配套踢脚线、分界边条、PVC 防潮毡等配件，并负责运输安装。

1.4　竹木地板

竹木地板是用优质天然竹材料加工成竹条，经特殊处理后，在压力下拼成不同宽度和长度的长条，然后刨平、开槽、打光、着色、上多道耐磨漆制成的带有企口的长条地板，如图 3-6 所示。

图 3-6　竹木地板

1.4.1　竹木地板的分类

常见的竹地板可分为多层粘接地板、单层侧拼地板和竹木复合地板三大类。三种类型的加工方法不同，在原材料选择上也存在很大差异，价格区别很大。竹质薄片多层粘接地板选用竹子要求相对较低，粘合次数较多，胶粘剂使用量相对较大；单层侧拼地板原材料一般要求选用竹子较粗，并由高温压制而成；竹木复合地板面层采用竹子，而基层采用木材，所用木材大多为市面价格相对较低的针叶材树种。竹地板共有的特征是材料弹性较好、脚感舒适、表面竹质纹理清晰、色彩淡雅、装饰性强、防潮能力较好等。

1.4.2　竹木地板的特点

竹木地板自然、清新、高雅，具有竹子固有的特性：经久耐用、耐磨、不变形、防水、脚感舒适、易于维护、清扫，并且环保性能高，地板无毒，牢固稳定，具有超强的防虫蛀功能。地板六面用优质耐磨漆密封，阻燃、耐磨、防霉变。地板表面光洁柔和，几何尺寸好，品质稳定。精竹地板是目前可选用的地面材料中的高档产品，适用宾馆、办公楼、居室等处。

1.5　软木地板

软木最初是葡萄牙人用于制作葡萄酒瓶塞的材料，进行处理后也被用作保温材料，并制作成装饰墙板等用于各个领域，直至应用到今天的装饰地板中。软木实际上并非木材，其原料由阔叶树种——栓皮栎的树皮上采割而获得的"栓皮"。该类栓皮质地柔软、皮厚、纤维细、成片剥落。

软木地板以栓皮为原料，经过粉碎、热压而成板材，再通过机械设备加工成地板。软木地板可分为纯软木地板、软木夹层地板、软木（静音）复合地板三类。软木具有特殊的六边形棱柱体细胞结构，软木的特殊结构使其具有低密度、可压缩性、弹性、不透气、不透水、耐油、耐酸，导热系数低、吸振、吸声、摩擦系数大、耐磨等优点。因此，软木地板具有质量轻、脚感软、弹性好、绝热、减振、吸声、耐磨等特点，可取代地毯。软木地板独特的吸声效果和保温性能非常适合卧室、会议室、图书馆、录音棚等场所，如图 3-7 所示。

图 3-7　软木地板

学习单元 2　陶瓷类地面材料

2.1　陶瓷地砖的基本概念

陶瓷地砖要求具有一定的抗冲击性和耐磨性能。陶瓷地砖质地密实、强度高、热稳定性、耐磨性及抗冻性能均良好。

2.1.1　陶瓷地砖的种类和特点

陶瓷地砖多属于粗炻类建筑陶瓷制品，可以根据配料和制作工艺制成不同表面质感的制品。陶瓷地砖的种类和特点见表 3-1。

表 3-1　陶瓷地砖的种类和特点

分类方式	种类	特点
用途	室内外地砖	强度高、耐磨性好、吸水率低、抗污力强；品种主要有彩釉地砖、无釉亚光地砖、广场砖、瓷质砖等
	无釉陶瓷墙地砖	无釉陶瓷墙地砖简称无釉砖，吸水率低，其颜色以素色和有色斑点为主，表面有平面、浮雕面和防滑面等多种形式
成型	干压砖	将混合好的粉料置于模具，在一定压力下压制而成的陶瓷墙地砖，一般陶瓷墙地砖都属于干压砖
	挤压砖	将可塑性坯料经过挤压机挤出成型，再将所成型的泥条按砖的预定尺寸进行切割，劈离砖属于挤压砖

2.1.2　陶瓷地砖的物理力学性能

陶瓷地砖的物理、力学性能见表 3-2。

表 3-2　陶瓷地砖的物理、力学性能

项目	性能要求
吸水率	不大于 10%
抗冻性	经过 20 次冻融循环不出现裂纹
耐磨性	仅指地砖，依据耐磨试验砖面层出现磨损痕迹时的研磨次数，将地砖耐磨性能分为四级

项目	性能要求
耐急冷急热性	经三次冷热循环不出现炸裂或裂纹
耐化学腐蚀性	依据试验分为五个等级
抗弯强度	平均不低于 24.5 MPa

2.1.3　陶瓷地砖的特性与应用

陶瓷类地面材料坚固耐用，并具有良好的装饰效果，且陶瓷具有耐火、耐水、耐磨、耐腐蚀、易清洗、易于施工的性能，因此被广泛应用于各种场所的地面装饰。无釉陶瓷地砖根据其性能，适用商场、饭店、游乐场等人流密集的建筑物室内外地面。特别是小规格的无釉细炻砖常用于公共建筑的大厅和室内外广场的地面铺贴，不同颜色和图案的组合，形成朴实大方，高雅的风格；各种防滑无釉细炻砖也广泛用于民用住宅的室内外平台、浴室等地面装饰。用于不同部位地砖应考虑其特殊的性能要求，例如，由于铺地的彩色釉面砖应考虑其耐磨性，寒冷地区用于室外的地砖应该考虑抗冻性好的墙地砖，如图 3-8 所示。

图 3-8　建筑装饰陶瓷地砖的应用

2.2　常见的陶瓷地面砖

2.2.1　通体砖

通体砖是将岩石碎屑经过高压压制而成的，表面抛光后坚硬度可与石材相比，吸水率更低，耐磨性好，如图 3-9 所示。通体砖的表面不上釉，胚体和砖表面颜色保持一致使得正面和反面的材质与色泽一致，因此得名。多数的防滑砖都属于通体砖。通体砖有很多种分类：根据通体砖的原料配合比，一般可分为纯色通体砖、混色通体砖、颗粒布料通体砖；根据面状可分为平面、波纹面、劈开砖面、石纹面等；根据成型方法可分为挤出成型和干压成型等。

通体砖规格非常多，小规格有外砖，中规格有广场砖，大规格有耐磨砖抛光砖等，常用的主要规格(长×宽×厚)有 45 mm×45 mm×5 mm、45 mm×95 mm×5 mm、108 mm×108 mm×13 mm、200 mm×200 mm×13 mm、300 mm×300 mm×5 mm、400 mm×400 mm×6 mm、500 mm×500 mm×6 mm、600 mm×600 mm×8 mm、800 mm×800 mm×10 mm 等。

图 3-9　通体砖

2.2.2　抛光砖

抛光砖是通体砖坯体的表面经过打磨而成的一种光亮的砖，属通体砖的一种。

相对通体砖而言，抛光砖表面要光洁很多。在运用渗花技术的基础上，抛光砖可以做出各种仿石、仿木效果。抛光砖因其坚硬、耐磨，适合室内外大面积铺贴而受到消费者的喜爱。但抛光砖在制作时会有留下的凹凸气孔，这些气孔会藏污纳垢，造成表面很容易渗入污染物，所以，质量好的抛光砖在出厂时都加了一层防污层，但这层防污层又使抛光砖失去了通体砖的效果。当前，市场上出售的瓷质抛光砖虽然产品吸水率都比较接近，但防污能力却大相径庭，这说明抛光砖的防污能力不仅与封闭气孔率有关，而且还和抛光砖的其他性能有关，如气孔的结构、形状分布和连通情况等。

抛光砖规格（长×宽×高）有 400 mm×400 mm×6 mm、500 mm×500 mm×6 mm、600 mm×600 mm×8 mm、800 mm×800 mm×10 mm、1 000 mm×1 000 mm×10 mm 等。抛光砖坚硬耐磨，适合在除洗手间、厨房外的多数室内空间中使用，如用于阳台、外墙装饰等（图 3-10）。

图 3-10　抛光砖地面应用

2.2.3　玻化砖

玻化砖也称全瓷玻化砖或全玻化砖，是一种强化的抛光砖。玻化砖有银灰、斑点绿、珍珠白、黄、浅蓝、纯黑等多种色调，砖面可以呈现不同的纹理、斑点使其酷似天然石材。它是由石英砂、泥按照一定比例配制经高温焙烧而成的一种不上釉瓷质饰面砖。经打磨光亮但不需要抛光，表面如玻璃镜面一样光滑透亮，是所有瓷砖中最硬的，

视频：装饰陶瓷
砖识别与选用

其在吸水率、边直度、弯曲强度、耐酸碱性等方面都优于普通釉面砖、抛光砖及一般的大理石。玻化砖烧结程度很高，坯体致密。虽然表面不上釉，但吸水率很低（小于0.5％），可认为是不吸水的。

玻化砖有抛光和不抛光两种，主要规格有 400 mm×400 mm、500 mm×500 mm、600 mm×600 mm、800 mm×800 mm、900 mm×900 mm、1 000 mm×1 000 mm 等，主要适用各类大中型商业建筑、观演建筑的室内外地面的装饰，也适用民用住宅的室内地面装饰，如图 3-11 所示。

图 3-11　玻化砖地面应用

2.2.4　仿古砖

仿古砖本质上是一种釉面砖，其表面一般采用亚光釉或无光釉，产品不磨边，砖面采用凹凸模具。仿古砖是从彩色釉面砖演化而来，实质上是上釉的瓷质砖。与普通的釉面砖相比，其差别主要表现在釉料的色彩上面，仿古砖属于普通瓷砖，与瓷片是基本相同的。所谓仿古，是指砖的效果，应该叫仿古效果的瓷砖。仿古砖并不难清洁。唯一不同的是在烧制过程中，仿古砖技术含量要求相对较高，数千吨液压机压制后，再经上千摄氏度高温烧结，使其强度高，并具有极强的耐磨性。经过精心研制的仿古砖兼具了防水、防滑、耐腐蚀的特性。

仿古砖是主要规格有 100 mm×100 mm、150 mm×150 mm、165 mm×165 mm、200 mm×200 mm、300 mm×300 mm、330 mm×330 mm、400 mm×400 mm、500 mm×500 mm、600 mm×600 mm。其主要适用公共建筑的室内外地面的铺设及现代住宅的室内地面，如图 3-12 所示。

图 3-12　仿古砖的应用

2.3 其他陶瓷地面材料

2.3.1 钒钛饰面板

钒钛饰面板是一种仿黑色花岗石的陶瓷饰面板材。该种饰面板比天然黑色花岗石更黑、更硬、更薄、更亮。其弥补了天然花岗石抛光过程中，由于黑云母的脱落易造成的表面凹坑的缺憾，是我国利用稀土矿物为原料研制成功的一种高档墙地饰面板材。其莫氏硬度、抗压强度、抗折强度、密度、吸水率均好于天然花岗石，如图 3-13 所示。

图 3-13　钒钛饰面板

钒钛饰面板规格有 400 mm×400 mm、500 mm×500 mm 等，厚度为 8 mm，适用宾馆、饭店、办公楼等大型建筑的内外墙面、地面的装饰，也可用作台面、铭牌等。

2.3.2 渗花砖

渗花砖不同于在坯体表面施釉的墙地砖，它是采用焙烧时可渗入坯体表面 1～3 mm 的着色颜料，使砖面呈现各种色彩或图案，然后经磨光或抛光表面而成的。渗花砖属于烧结程度较高的瓷质制品，因而其强度高、吸水率低，特别是已渗入坯体的色彩图案具有良好的耐磨性，用于铺地经长期磨损而不脱落、不褪色。渗花砖常用的规格有 300 mm×300 mm、400 mm×400 mm、450 mm×450 mm、500 mm×500 mm 等，厚度为 7～8 mm。渗花砖适用于商业建筑、写字楼、饭店、娱乐场所、车站等室内外地面及墙面的装饰。

渗花砖多为无釉磨光、抛光产品，其花纹自然、图案清晰、明亮如镜，质感和性能都优于天然石材。由于花色渗入坯体深处，所以经久耐磨，不褪色，是一种高级装饰材料。其主要用于商业建筑、写字楼、饭店和娱乐场所的室内外地面装饰，如图 3-14 所示。

2.3.3 装饰木纹砖

装饰木纹砖是一种表面呈现木纹装饰图案的高档陶瓷劈离砖新产品。其纹路逼真、容易保养，是一种亚光釉面砖，如图 3-15 所示。它以线条明快、图案清晰为特色。木纹砖逼真度高，能惟妙惟肖地仿造出木头的细微纹路；而且木纹砖耐用、耐磨、不含甲醛、纹理自然，表面经防水处理，易于清洗，如有灰尘沾染，可直接用水擦拭；具有阻燃、不腐蚀的特点，是绿色、环保型建材，使用寿命长。

图 3-14　渗花砖的应用

图 3-15　装饰木纹砖的应用

学习单元 3　石材类地面材料

3.1　岩石的基本知识

装饰石材作为一种高档建筑装饰材料广泛应用于室内外地面装饰，如图 3-16(a)～(c) 所示。目前，市场上常见的石材主要分为天然石材和人造石材，如图 3-16(d)、(e)所示。天然石材强度高、装饰性好、耐久、来源又广泛，被公认为一种优良的建筑装饰材料；随着科技的不断发展和进步，人造石材的产品也日新月异，质量和美观已经不逊色于天然石材，具有极其广阔的发展前景。

(a) (b) (c)

图 3-16　装饰石材的应用
(a)室外用石材；(b)居室用石材；(c)公共场所用石材

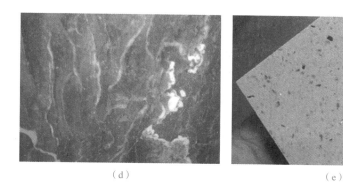

（d）　　　　　　　　　　　　　　（e）

图 3-16　装饰石材的应用（续）

(d)天然石材；(e)人造石材

3.1.1　造岩矿物

天然石材是从天然岩石中开采出来的，而岩石由造岩矿物组成。不同的造岩矿物在不同的地质条件下，形成不同性能的岩石。

矿物是地壳中化学元素在一定的地质条件下形成的，具有一定化学成分和一定结构特征的天然化合物和单质的总称。岩石是矿物的集合体，组成天然岩石的矿物称为造岩矿物。造岩矿物的性质及含量对岩石的性质起着决定性作用。建筑装饰工程中常用岩石的主要造岩矿物有石英、长石、云母、方解石和白云石等。每种造岩矿物均具有不同的颜色和特性。建筑装饰工程中常用岩石的主要造岩矿物如图 3-17 所示。其特征见表 3-3。

（a）　　　　　　　　　　　（b）　　　　　　　　　　　（c）

（d）　　　　　　　　　　　（e）　　　　　　　　　　　（f）

图 3-17　建筑装饰工程中常用岩石的造岩矿物形态

(a)石英；(b)长石；(c)云母；(d)角闪石；(e)方解石；(f)白云石

表 3-3　建筑装饰工程中常用岩石的主要造岩矿物

造岩矿物	主要组成成分	密度/(g·cm⁻³)	莫氏硬度	颜色	其他特征
石英	结晶 SiO_2	2.65	7	无色透明至乳白等色	坚硬、耐久具有玻璃光泽
长石	铝硅酸盐	2.5～2.7	6	白、浅灰、桃红、青等色	其耐久性不如石英，在大气中长期风化后成为高岭土，解理完全，性脆
云母	含水的钾镁铁铝硅酸盐	2.7～3.1	2～3	无色透明至黑色	解理完全，易分裂成薄片，影响岩石的耐久性和磨光性，黑云母风化后成为蛭石
角闪石辉石类	铁镁硅酸盐	3～4	5～7	色暗，统称为暗色矿物	坚硬、强度高、韧性大
方解石	结晶 $CaCO_3$	2.7	3	通常呈白色	硬度不大、强度高、遇酸分解、晶型呈菱面体，解理完全
白云石	$CaCO_3$、$MgCO_3$	2.9	4	通常呈白色	与方解石相似，遇热酸分解
黄铁矿	FeS_2	5	6～6.5	黄色	条痕呈黑色，无解理，在空气中氧化铁和硫酸污染岩石，是岩石中的有害物质

岩石的性质与矿物组成有密切关系。由石英、长石组成的岩石，其硬度高、耐磨性好（如花岗石、石英岩等），由白云石、方解石组成的岩石，其硬度低、耐磨性较差（如石灰岩、白云岩等）。由石英、长石、辉石组成的石材具有良好的耐酸性（如石英岩、花岗石、玄武岩），而以碳酸盐为主要矿物的岩石则不耐酸，易受大气酸雨的侵蚀（如石灰岩、大理石）。

3.1.2　岩石的结构和构造

1. 岩石的结构

岩石的性质由矿物的特性、结构、构造等因素决定。岩石的结构是指岩石的原子、分子、离子层次的微观构成形式。根据微观粒子在空间分布状态的不同，岩石的结构可分为结晶质结构和玻璃质结构。结晶质结构具有较高的强度、硬度和耐久性，化学性质较稳定；而玻璃质结构除有较高的强度、硬度外，相对来说，呈现较强的脆性，韧性较差，化学性质较活泼。结晶质结构按晶粒的大小和多少可分为全晶质结构（岩石全部由结晶的矿物颗粒构成，如花岗石）、微晶质结构、隐晶质结构（矿物晶粒小，宏观不能识别，如玄武岩、安山岩）。

2. 岩石的构造

岩石构造是指用放大镜或肉眼宏观可分辨的岩石构成形式。通常根据岩石的孔隙特征和构成形态分为致密状（花岗石、大理石）、多孔状（浮石、黏土质砂岩）、片状（板岩、片麻岩）、斑状、砾状（辉长岩、花岗石）等，如图 3-18 所示。

3.1.3　常用岩石的分类

由于不同地质条件的作用，各种造岩矿物形成不同类型的岩石，通常可分为岩浆岩、沉积岩和变质岩三大类。

1. 岩浆岩

岩浆岩又称火成岩，是组成地壳的主要岩石，约占地壳总质量的

视频：石材

89%。由于地壳变动，熔融的岩浆由地壳内部上升后冷却形成岩浆岩。根据岩浆冷却条件的不同，岩浆岩又可分为深成岩、浅成岩、喷出岩和火山岩。

（a）　　　　　　　　　　　（b）　　　　　　　　　　　（c）

图 3-18　按岩石构造分类
(a)致密状(大理石)；(b)多孔状(浮石)；(c)片状(板岩)

（1）深成岩。深成岩是地壳深处的岩浆在很大的覆盖压力下缓慢冷却形成的岩石。其构造致密、容积密度大、吸水率小、抗压强度高、抗冻性、耐磨性和耐久性好。花岗石、正长石、辉长石、闪长石、橄榄岩等都属于深成岩，如图 3-19 所示。

（a）　　　　　　　　　　　（b）

（c）　　　　　　　　　　　（d）

图 3-19　深成岩
(a)花岗石；(b)正长石；(c)闪长石；(d)橄榄岩

（2）浅成岩。浅成岩是岩浆在地表浅处较快冷却结晶而成的岩石，与深成岩相似，但晶粒小。如辉绿岩，强度高但硬度低，锯成板材和异型材，经表面磨光后光泽明亮，常用于铺砌地面、柱面等，如图 3-20 所示。

（a）

（b）

图 3-20　辉绿岩

（a）辉绿岩；（b）辉绿岩地板

（3）喷出岩。喷出岩是熔融的岩浆喷出地表后，在压力骤减并迅速冷却的条件下形成的岩石。喷出岩抗压强度高、硬度大，但韧性较差，呈现较强的脆性。当喷出岩形成较厚的岩层时，其结构致密程度近似于深成岩；若形成的岩层较薄，则常呈多孔结构，近似于火山岩。建筑上常用的喷出岩有玄武岩、安山岩等，如图 3-21 所示。

（a）

（b）

图 3-21　喷出岩

（a）玄武岩；（b）安山岩

（4）火山岩。火山岩又称火山碎屑岩，是火山喷发时的岩浆被喷到空中，急速冷却后下落形成的。火山岩是轻质多孔结构的材料，其强度、硬度和耐水性、耐冻性等耐久性指标都较低，但保温性好。火山灰、浮石等是建筑上常用的火山岩，如图 3-22 所示。

（a）

（b）

图 3-22　火山岩

（a）火山灰；（b）浮石

2. 沉积岩

沉积岩又称水成岩，是由露出地表的岩石（母岩）风化后，经过风力搬迁、流水冲移而沉淀堆积，在离地表不太深处形成的岩石。沉积岩为层状构造，其各层的成分、结构、颜色、层厚等均不相同。与岩浆岩相比，沉积岩结构密实性较差，孔隙率、吸水率较大，强度较低，耐久性较差。沉积岩虽然只占地壳总质量的5%，但在地球上分布极广，约占地壳表面积的75%，加之其位于地面不太深处，故易于开采。根据形成条件，沉积岩可分为以下三类：

（1）机械沉积岩。机械沉积岩是经自然风化而逐渐破碎松散后，经风、雨及冰川等搬运、沉积、压实或胶结而形成的岩石，如砂岩、页岩、火山凝灰岩等，如图3-23所示。砂岩的强度可达300 MPa，坚硬耐久，性能类似花岗石。在建筑中，砂岩可用于基础、墙身、踏步、门面、人行道、纪念碑等，也可用作混凝土的集料及装饰材料。

（a）   （b）

图3-23　机械沉积岩

（a）砂岩；（b）页岩

（2）化学沉积岩。化学沉积岩是岩石中的矿物溶于水中而形成的溶液、胶体经聚集沉积而成的岩石，如天然石膏、白云岩、菱镁石等，如图3-24所示。

（a）   （b）   （c）

图3-24　化学沉积岩

（a）天然石膏；（b）菱镁石；（c）白云岩

（3）生物沉积岩。生物沉积岩是各种有机体死亡后的残骸沉积而成的岩石，如石灰岩、硅藻土等，如图3-25所示。石灰岩俗称灰岩或青石，广泛应用于建筑工程，用于砌体基础、桥墩、墙身、台阶及路面，以及作为粉刷材料的原料；其碎石是常用的混凝土集料。石灰岩除用作建筑石材外，也是生产水泥与石灰的主要原料。

视频：中国国石
寿山石

（a）　　　　　　　　（b）

图 3-25　生物沉积岩

(a)石灰岩；(b)硅藻土

3. 变质岩

变质岩是由原生的岩浆岩或沉积岩，经过地壳内部高温高压而形成的岩石。通常沉积岩变质后，性能变好，结构变得致密，坚实耐用，如石灰岩（沉积岩）变质为大理石，硅质岩变为石英岩；而岩浆岩变质后，有时性能反而变差，不如原来坚实，如花岗石（深成岩）变质为片麻岩，易产生分层剥落，耐久性变差。

3.2　石材地面材料的性能指标

3.2.1　表观密度

石材的表观密度与石材的组成成分、孔隙率及含水率有关。表观密度越大则结构越致密，其抗压强度越高，吸水率越小，耐久性越强，导热性越好。

天然石材按表观密度可分为重石和轻石两类。表观密度大于 1 800 kg/m³ 的为重石，主要用于建筑物的基础、覆面、房屋的外墙、地面、路面、桥梁及水上建筑物等；表观密度小于 1 800 kg/m³ 的为轻石，可用作砌筑保暖房屋墙体的材料。

3.2.2　耐水性

石材的耐水性是指石材长期在饱和水的作用下不被破坏，强度无显著降低的性质。耐水性用软化系数 K_P 表示，当岩石中含有较多的黏土或易溶物质时，K_P 值较小，耐水性差。根据 K_P 值的大小，耐水性可分为高、中、低三等，$K_P \geqslant 0.90$ 的石材为高耐水石材；K_P 为 0.70～0.90 的石材为中耐水石材；K_P 为 0.60～0.70 的石材为低耐水石材。一般 $K_P < 0.80$ 的石材不允许用在重要建筑中。

3.2.3　抗冻性

石材的抗冻性用冻融循环次数表示，在规定的冻融循环次数内，无贯穿裂纹（穿过试件两棱角）、质量损失不超过 5%、强度降低不大于 25% 的，则抗冻性合格。石材的抗冻性主要取决于其矿物成分、晶粒大小及分布均匀性、天然胶结物的胶结性、孔隙率及吸水性等性能。根据能经受的冻融循环次数，可将石材分为 5、10、15、25、50、100 及 200 等级。吸水率低于 0.5% 的石材，其抗冻性较高，无须进行抗冻试验。

3.2.4　抗压强度

石材的抗压强度是以边长为 70 mm 的立方体为试件，用标准试验方法测得的抗压强度值作为评定石材的等级标准。根据《砌体结构设计规范》（GB 50003—2011）规定，石材共分为 MU100、MU80、MU60、MU50、MU40、MU30 和 MU20 七个等级。

3.2.5 耐磨性

石材的耐磨性是指在使用条件下，石材抵抗摩擦、边缘剪切及冲击等综合外力作用的能力。耐磨性是以单位面积磨耗量表示。石材的耐磨性与其组成矿物的硬度、结构、构造特征及石材的抗压强度和冲击韧度等性质有关。通常，建筑上用于铺设地面的石材，要求具有较好的耐磨性。

另外，石材的吸水、导热、耐热、抗冲击等性能，根据用途不同，也有不同的要求。

3.3 天然大理石地面

大理石由于耐酸腐蚀能力较差，除个别品种外，一般只适用室内。装饰等级较高的住宅常用大理石做客厅的地面装饰。但由于大理石的耐磨性相对较差，因此在人流较大的场所不宜将其作为地面装饰材料。大理石在开采加工过程中产生的碎石、边角余料除常用作人造石、水磨石、米粉、石粉的生产外，还可用作涂料、塑料、橡胶等行业的填料。

3.3.1 天然大理石的概念和特点

"大理石"以云南省大理县的大理城而命名。建筑装饰工程上所指的大理石是广义的，除指大理石外，还泛指具有装饰功能，可以磨平、抛光的各种碳酸盐类的沉积岩和与其有关的变质岩，如石灰岩、白云岩、砂岩、灰岩等。

大理石的化学成分有 CaO、MgO、SiO_2 等。其中 CaO 和 MgO 的总含量占 50% 以上，故大理石属碱性石材。纯白色的大理石成分较为单纯，但大多数大理石是两种或两种以上成分混杂在一起的，因为成分复杂，所以颜色变化较多，深浅不一，有多种光泽，形成大理石独特的天然美。

大理石一般都含有杂质，尤其是含有较多的碳酸盐类矿物，在空气中受硫化物及水汽的作用，容易发生腐蚀。腐蚀的主要原因是城市工业所产生的 SO_2 与空气中的水分接触生成亚硫酸、硫酸等所谓的酸雨，酸雨与大理石中的方解石发生反应，从而使大理石表面强度降低，变色掉粉，很快失去光泽，影响其装饰性能。所以除少数大理石，如汉白玉（图 3-26）、艾叶青（图 3-27）等质纯，杂质少，比较稳定耐久的品种可用于室外，绝大多数大理石品种只宜用于室内。

图 3-26　汉白玉

图 3-27　艾叶青

大理石质地比较密实，抗压强度较高，吸水率低，表面硬度一般不大，属中硬石材。天然大理石易加工，耐磨、耐久性好，可以保存100年以上。开光性好，常被制成抛光板材，其色调丰富、材质细腻，极富装饰性。

3.3.2　我国天然大理石的主要品种

我国大理石矿产资源极其丰富，储量大、品种多。总储量居世界前列。据不完全统计，初步查明国产大理石有400余个品种。全国大理石的估算远景储量在240亿立方米以上，全国27个省、市具有大理石资源。国内大理石生产厂家较多，主要分布在云南大理、北京房山、湖北大冶及黄石、河北曲阳、山东平邑、浙江杭州等地区。我国常见大理石品种如图3-28所示。

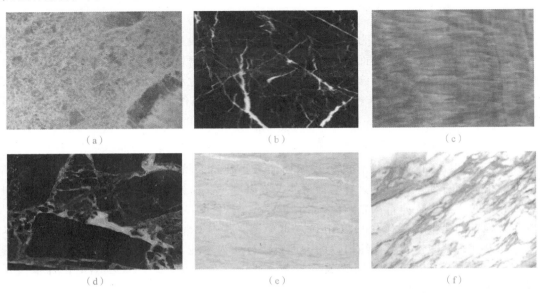

图 3-28　常见大理石品种
(a)莱阳绿；(b)桂林黑；(c)松香黄；(d)铁岭红；(e)米黄；(f)风雪

目前开采利用的大理石主要有三种，即云灰大理石、白色大理石和彩色大理石。

1. 云灰大理石

云灰大理石因多呈石灰色或在云灰底上泛起朵朵酷似天然云彩状花纹而得名，有的看上去像青云直上，有的像乱云飞渡，有的如乌云滚滚，有的若浮云漫天。其中花纹似水波纹的称为水花石。水花石的常见图案有"微波荡漾""烟波飘渺""水天相连""惊涛骇浪"等，如图3-29所示。云灰大理石加工性能特别好，主要用于制作建筑饰面板材，是目前采用最多的一种大理石。

2. 白色大理石

白色大理石洁白如玉，晶莹纯净，故又称汉白玉、苍山白玉或白玉。汉白玉是大理石中的另一名贵品种，是古老的碳酸盐类岩石（距今5.7亿年）与后期花岗石侵入体接触，在高温条件下变质而成的。汉白玉的矿物结晶颗粒很细，极为均匀，色彩鲜艳洁白（乳白色、玉白色），质地细腻而坚硬，耐风化，是大理石中可用于室外的不多品种之一。汉白玉易加工，磨光后光泽绚丽。不但是建筑装饰中的高档饰面材料，也是工艺美术、雕塑等艺术造型的上等材料，如图3-30所示。

图 3-29　云灰大理石

图 3-30　汉白玉的应用

3. 彩色大理石

彩色大理石产于云灰大理石，是大理石中的精品。其表面经过研磨、抛光，呈现色彩斑斓、千姿百态的天然图画，极为罕见。

目前，国际市场上彩色大理石有米黄色、纯白色、奶油色、黑色、深绿色和浅绿色。其中米黄色大理石最为畅销。一些黄色石材品种销路极好，在历史上从没像现在这样受到欢迎，极大量用于各种工程之中，特别是在我国和美国，其价格较高。

3.3.3　天然大理石板材的分类、规格、等级和标记

1. 分类与规格

根据《天然大理石建筑板材》(GB/T 19766—2016)规定，大理石板材按形状可分为两大类：一类是普通型板材(代号为 PX)；另一类是圆弧板材(代号为 HM)，如图 3-31所示。

2. 等级和标记

根据《天然大理石建筑板材》(GB/T 19766—2016)规定，天然大理石普通型板按板材的规格尺寸偏差、平面度公差、角度公差及外观质量分为优等品(A)、一等品(B)、合格品(C)三个等级。圆弧板按规格尺寸偏差、直线度公差、线轮廓度公差及外观质量分为优等品(A)、一等品(B)、合格品(C)三个等级。

《天然大理石建筑板材》(GB/T 19766—2016)对大理石板材的标记方法和顺序所做的规定如下：

标记顺序：荒料产地地名、花纹色调特征描述、大理石；编号(按 GB/T 17670—2008 的规定)、类别、规格尺寸(长度×宽度×厚度，单位：mm)、等级、标准号。示例：用北京房山汉白玉大理石荒料加工的 600 mm×600 mm×20 mm、普通型、优等品板材示例如下：房山汉白玉大理石：M1101 PX 600×600×20 A GB/T 19766—2016。

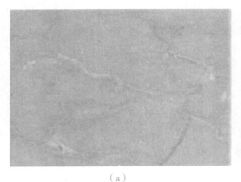
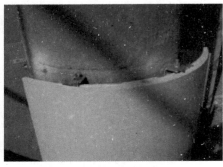

（a）　　　　　　　　　　　　　　　　　（b）

图 3-31　大理石板材分类

（a）普通型板；（b）圆弧板

3.3.4　天然大理石板材的外观质量要求与物理性能

1. 外观质量要求

（1）花纹色调。同一批板材的色调应基本调和，花纹应基本一致。测定时将所选定的协议样板与被检板材同时平放在地面上，距板材 1.5 m 处站立目测。

（2）缺陷。板材正面的外观缺陷应符合表 3-4 的规定。用游标卡尺测量缺陷的长度、宽度，测量值精确到 0.1 mm。

表 3-4　天然大理石板材外观质量要求

名称	规定内容	优等品	一等品	合格品
裂纹	长度超过 10 mm 的不允许条数	0		
缺棱	长度不超过 8 mm，宽度不超过 1.5 mm（长度≤4 mm，宽度≤1 mm 不计），每米长允许个数 1 个			
缺角	延板材边长顺延方向，长度≤3 mm，宽度≤3 mm，（长度≤2 mm，宽度≤2 mm 不计）每块板允许个数 1 个	0	1	2
色斑	面积不超过 6 m²（面积小于 2 m² 不计）每块板允许个数 1 个			
砂眼	直径在 2 mm 以下	不允许有	不明显	有，不影响装饰效果

2. 物理性能

（1）镜面光泽度。大理石板大部分需经抛光处理，抛光面应具有镜面光泽，能清晰地反映出景物。光泽度是指在指定的几何条件（距离、角度）下，将试样置于标准光泽度测定仪上，将其镜面反射光通量与相同条件下标准黑玻璃镜面反射光通量的比值乘以100 而得。镜面板的镜面光泽度值应不低于 70 光泽单位，或由供需双方协商确定。

（2）物理力学指标。为保证天然大理石板的质量，要求体积密度不小于 2.30 g/cm³，吸水率不大于 0.50%，干燥压缩强度不小于 50.0 MPa，干燥或水饱和状态下的弯曲强度不小于 7.0 MPa。耐磨度≥10（1/cm³），为了颜色和设计效果，以两块或多块大理石组合拼接时，耐磨度差异应不大于 5，用于长期踩踏的阶梯，地面和月台使用的石材耐磨度最小应为 12。

3.4 天然花岗石地面材料

花岗石自古就是优良的建筑石材，是公认的高级建筑结构材料和装饰材料，但其由于开采运输困难，修琢加工及铺贴施工耗工费时，因此造价较高，一般只用于重要的大型建筑。花岗石剁斧板材多用于室外地面、台阶、基座等处；机刨板材一般用于地面、台阶、基座、踏步等处；粗磨板材和火烧板材常用于墙面、柱面、台阶、基座、纪念碑等；

视频：花岗石

磨光板材因其具有色彩绚丽的花纹和光泽，故多用于室内外地面、墙面、柱面等的装饰，以及用于旱冰场地面、纪念碑等。天然花岗石地面材料如图 3-32 所示。

（a）　　　　　　　　　　（b）　　　　　　　　　　（c）

图 3-32　天然花岗石的应用

（a）室外地面；（b）室外台阶；（c）室内地面

3.4.1　天然花岗石的概念和特点

花岗石属于深成岩，是岩浆岩中分布最广的岩石，其主要矿物组成为石英、长石和少量云母及暗色矿物。花岗石的颜色取决于所含成分的种类和数量。

花岗石包括各种岩浆岩和花岗石的变质岩，如辉长岩、闪长岩、辉绿岩、玄武岩、安山岩等一般质地较硬。

花岗石构造致密，强度高，密度大，吸水率极低，材质坚硬，耐磨、耐酸，属酸性硬石材。花岗石的化学成分有 SiO_2、Al_2O_3、CaO、MgO、Fe_2O_3 等。其中 SiO_2 的含量常为 60% 以上，因此，其耐酸、抗风化、耐久性好，使用年限长。但其质脆，耐火性差，当温度达到 800 ℃ 以上时，由于花岗石中所含石英发生晶型转变，造成体积膨胀，导致石材爆裂，失去强度。从外观特征看，花岗石常呈整体均粒状结构，称为花岗结构。品质优良的花岗石，石英含量高，云母含量少，结晶颗粒分布均匀，纹理呈斑点状，有深浅层次，这些特点构成该类石材的独特视觉效果，这也是从外观上区别花岗石和大理石的主要特征。花岗石的颜色主要由正长石的颜色和云母、暗色矿物的分布情况而定，有黑白、黄麻、灰色、红黑、红色等。

3.4.2　我国天然花岗石的主要品种

我国花岗石资源极为丰富，储量大，分布地域广阔，花色品种达 150 种以上，花岗石产量较大的山东花岗石有 80 余种，分白、黑、灰、绿、浅红、花六大类，已探明花岗石储量为 280 亿立方米。我国花岗石主要由北京的白虎涧、济南的济南青、青岛的黑色花岗石、四川石棉的石棉红、湖北的将军红、山西灵邱的贵妃红等品种。山东荣成的"石禹红"、新疆的"天山蓝"、四川雅安的"中国红"、山西浑源青磁窑的"太白青"、河北阜平的"阜平黑"、内蒙古丰镇的"丰镇黑"、河北易县的"易县黑"等名贵品种可以与世界的名牌(克拉拉白、印度红、巴西蓝)相媲美。我国天然花岗石的主要品种如图 3-33 所示。

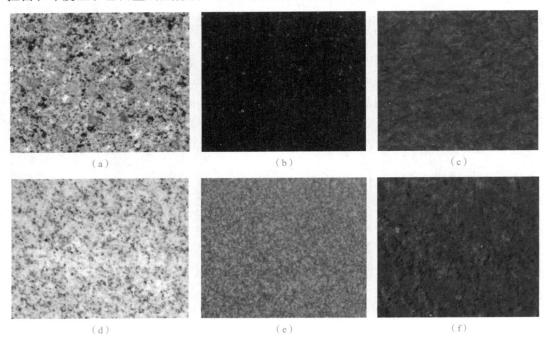

图 3-33　天然花岗石的主要品种

(a)蓝宝石；(b)济南青；(c)将军红；(d)莱州白；(e)莱州青；(f)贵妃红

在世界石材贸易市场中，花岗石产品所占的比例不断增长，约占世界石材总产量的 36%。在国际上，花岗石板材可分为三个档次：高档花岗石抛光板主要品种有巴西黑、非洲黑、印度红等，这一类产品的主要特点是色调纯正、颗粒均匀，具有高雅、端庄的深色调；中档花岗石板材主要有粉红色、浅紫罗兰色、淡绿色等，这一类产品多为粗、中粒结构，色彩均匀，变化少；低档花岗石板材主要为灰色、粉红色等色泽一般的花岗石及灰色片麻岩等，这一类产品的特点是色调较暗淡、结晶粒欠均匀。

视频：装饰石材
识别与选用

3.4.3　天然花岗石板材的分类、规格、等级和标记

天然花岗石建筑板材的分类、规格、等级和标记应遵循《天然花岗石建筑板材》(GB/T 18601—2009)的相关规定。

1. 分类与规格

天然花岗石板材按表面加工强度可分为细面板材(YG，表面平整、光滑的板材)、镜面板材(JM，表面平整，具有镜面光泽的板材)和粗面板材(CM，表面平整、粗糙，具有较规则加工条纹的机刨板、剁斧板、锤击板、烧毛板等)，如图 3-34 所示；按形状可分为毛光板(MG)、普型板材(PX，正方形或长方形板材)、圆弧板(HM)和异型板材(YX，其他形状的板材)，如图 3-35 所示；按用途可分为一般用途(用于一般性装饰用途)和功能用途(用于结构性承载用途或特殊功能要求)。

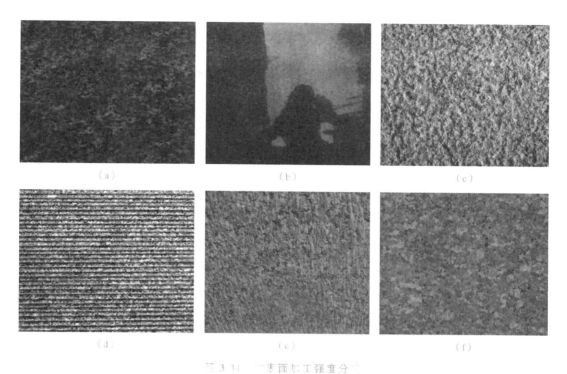

图 3-34 按表面加工强度分类

（a)细面板材；（b)镜面板材；（c)粗面板材(锤击板)；（d)粗面板材(机刨板)；

（e)粗面板材(剁斧板)；（f)粗面板材(火烧板)

图 3-35 按板材形状分类

（a)毛光板；（b)普形板；（c)圆弧板；（d)异形板

板的规格尺寸系列见表 3-5。圆弧板、异形板和特殊要求的普形板规格尺寸由供需双方协商确定。

表 3-5　天然花岗石板材的标准规格　　　　　　　　　　　　　　　　　mm

边长系列	300ᵃ、305ᵃ、400、500、600ᵃ、800、900、1 000、1 200、1 500、1 800
厚度系列	10ᵃ、12、15、18、20ᵃ、25、30、35、40、50
a 为常用规格	

2. 等级

天然花岗石板材按加工质量和外观质量可分为以下几种：

(1)毛光板。按厚度偏差、平面度公差、外观质量等将板材分为优等品（A）、一等品（B）、合格品（C）三个等级。

(2)普形板。按规格尺寸偏差、平面度公差、角度公差、外观质量等将板材分为优等品（A）、一等品（B）、合格品（C）三个等级。

(3)圆弧板。按规格尺寸偏差、直线度公差、线轮廓度公差、外观质量等将板材分为优等品（A）、一等品（B）、合格品（C）三个等级。

3. 标记

命名与顺序为荒料产地地名、花纹色调特征描述、花岗石。采用《天然石材统一编号》（GB/T 17670—2008）规定的名称或编号，标记顺序为编号、类别、规格尺寸、等级、标准号。例如，用山东济南青花岗石荒料加工的 600 mm×600 mm×20 mm、普型、镜面、优等品板材示例：济南青花岗石（G3701）PX JM 600×600×20 A GB/T 18601—2009。

3.4.4　天然花岗石板材的外观质量要求与物理性能

1. 外观质量

同一批板材的色调应基本调和，花纹应基本一致。

板材正面的外观缺陷应符合表 3-6 的规定，毛光板外观缺陷不包括缺棱和缺角。

表 3-6　天然花岗石板材的外观质量要求　　　　　　　　　　　　　　　mm

名称	规定内容	优等品	一等品	合格品
缺棱	长度≤10 mm，宽度≤1.2 mm（长度<5，宽度<1.0 mm 不计），周边每米长允许个数/个	0	1	2
缺角	沿板材边长，长度≤3 mm，宽度≤3 mm，（长度≤2 mm，宽度≤2 mm 不计），每块板允许个数/个			
裂纹	长度不超过两端顺延至板边总长度的 1/10（长度<20 mm 不计），每块板允许条数/条			
色斑	面积≤15 mm×30 mm（面积<10 mm×10 mm 不计），每块板允许个数/个		2	3
色线	长度不超过两端顺延至板边总长度的 1/10（长度<40 mm 不计），每块板允许条数/条			
注：干挂板材不允许有裂纹存在				

2. 物理性能

（1）镜面光泽度。含云母较少的天然花岗石具有良好的开光性，但含云母（特别是黑云母）较多的天然花岗石因云母较软，抛光研磨时云母易脱落，形成凹面，不易有镜面光泽，《天然花岗石建筑板材》（GB/T 18601—2009）规定，镜面板材的镜向光泽度应不低于 80 光泽单位，特殊需要和圆弧板由供需双方协商确定。

（2）物理力学性能。天然花岗石建筑板材的物理力学性能应符合表 3-7 的规定；工程对石材物理性能项目有特殊要求的，按工程要求执行。

表 3-7　天然花岗石板材的物理力学性能

项目		技术指标	
		一般用途	功能用途
体积密度/(g·cm⁻³)，≥		2.56	2.56
吸水率/%，≤		0.60	0.40
压缩强度/MPa，≥	干燥	100	131
	水饱和		
弯曲强度/MPa，≥	干燥	8.0	8.3
	水饱和		
耐磨性ᵃ/(1·cm⁻³)，≥		25	25
ᵃ 使用在地面、楼梯踏步、台面等严重踩踏或磨损部位的花岗石石材应检验此项			

（3）天然放射性。天然石材的放射性是引起人们普遍关注的一个问题，经检验证明绝大多数的天然石材中所含的放射物质极微，不会对人体造成任何危害。但部分花岗石产品放射性指标超标，在长期使用过程中会对环境造成污染，因此有必要给予控制。《建筑材料放射性核素限量》（GB 6566—2010）中规定，装修材料（花岗石、建筑陶瓷、石膏制品等）中以天然放射性核素镭-226、钍-232、钾-40 的放射性比活度及和外照射指数的限值可分为 A、B、C 三类：A 类产品的产销与使用范围不受限制；B 类产品不可用于 I 类民用建筑的内饰面，但可用于 I 类民用建筑的外饰面及其他一切建筑物的内、外饰面；C 类产品只可用于一切建筑物的外饰面。

放射性水平超过以上限值的花岗石和大理石产品，其中的镭、钍等放射元素在衰变过程中将产生天然放射性气体氡。氡是一种无色、无味的气体，特别是易在通风不良的地方聚集，可导致肺、血液、呼吸道发生病变。

目前，国内使用的众多天然石材产品，大部分是符合 A 类产品要求的，但不排除有少量的 B 类、C 类产品。因此，装饰工程中应选用经放射性测试，且发放了放射性产品合格证的产品。此外，在使用过程中，还应经常打开居室门窗，促进室内空气流通，使氡释放，达到减少污染的目的。

3.5　文化石

文化石不是专指一种岩石，而是对一类能够体现独特建筑装饰风格的饰面石材的统称。文化石是天然石头的再制品，这类石材本身也不包含任何文化意义，而是利用其自然原始的色泽纹路、粗糙的质感、自然的形态展示出石材的内涵与艺术魅力。它最吸引人的特点是色泽纹理能保持自然原始风貌，加上色泽调配变化，能将石材质感的内涵与艺术性展现无遗，与人们崇尚自然、回归自然的文化理念相吻合，因此被人们统称为文化石或艺术石。

文化石可分为天然文化石和人造艺术文化石。天然文化石从材质上分主要有两类：一类属沉积砂岩；另一类属硬质板岩。人造文化石也是以天然文化石的精华为母本、以无机材料筑制而成的，模仿天然文化石的每一细微痕迹十分逼真、自然，可用于墙面及地面装饰。文化石装饰效果如图 3-36 所示。

图 3-36　文化石装饰效果

3.5.1　天然文化石

天然文化石开采于自然界的石材矿场，其中的板岩、砂岩、青石板经过加工成为一种装饰建材。天然文化石材质坚硬、色泽鲜明、纹理丰富、风格各异，具有抗压、耐磨耐火、耐寒、耐腐蚀、吸水率低等特点。

1. 板岩

天然板岩拥有一种特殊的层状板理，它的纹面清晰如画，质地细腻致密，气度超凡脱俗，大自然的沧海桑田跃然石上，表达出一种返璞归真的情绪，如图 3-37 所示。

图 3-37　板岩文化石

（1）矿物成分。由黏土页岩（一种沉积岩）变质而成的变质岩，其矿物成分为颗粒很细的长石、石英、云母和黏土。

（2）外观特征。板岩具有片状结构，易于分解成薄片，获得板材。其结构致密、质地细腻，是一种亚光饰面石材。板岩有黑、蓝黑、灰、蓝灰、紫等色调，是一种优良的极富装饰性的饰面石材。

（3）技术特征。板岩质地坚密、硬度较大；耐水性良好，在水中不易软化；耐久，寿命可达数十年至上百年。其缺点是自重较大，韧性差，受振时易碎裂，且不易磨光。

2. 砂岩

砂岩的表面和纹理有一种原始的气息，似大漠起伏的沙丘，似海边平缓的沙滩。它是整体和谐与细部变化的完美结合。砂岩色彩分明，白如冰雪，黄若细沙，红胜岩浆，好比它磨砺亿年的沉隐性格，庄重、典雅，如图 3-38(a) 所示。

3. 青板石

青板石是水成沉积岩，属板石类中的一种，主要矿物成分为 $CaCO_3$，材质软、易风化，其风化程度及耐久性随岩体埋深情况差异很大。如青板石处于地壳表层，埋深较浅，风化较严重，则岩石呈片状，易撬裂成片状青板石，可直接应用于建筑；如岩石埋藏较深，则板块厚，抗压强度（可达 210 MPa）及耐久性均较理想，可加工成所需的板材，这样的板材按表面处理形式可分为毛面（自然劈裂面）青板石和光面（磨光面）青板石两类，如图 3-38(b) 所示。

（a）   （b）

图 3-38　砂岩、青板石文化石

（a）砂岩；（b）青板石

4. 蘑菇石

蘑菇石具有古城堡墙石的造型，凝重而又奔放，粗犷的外表极富立体感，给人带来怀旧的情愫。蘑菇石是由人工精心打造而成的，色彩可以任意调配，纹路也可以自由奔走，因此，整体效果别具一格，如图 3-39(a) 所示。

5. 雨花石

天然雨花石采集于河床，色彩斑斓，纹理迷人。人造雨花石由大块石料机械破碎。再经磨洗去锐成钝而成，色泽艳丽，遇水更显五彩缤纷。雨花石颗颗珠圆玉润，像一个个音符堆砌出一支流动的建筑乐章，如图 3-39(b) 所示。

6. 条石

为形状、厚度、大小不一的条状石板，主要用堆砌的方法，层层交错叠垒，叠垒方向可水平、竖直或倾斜，可组合成各种粗犷、简单的图案和线条。其断面可平整，也可参差不齐。其特点就是随意层叠而不拘一格，如图3-39(c)所示。

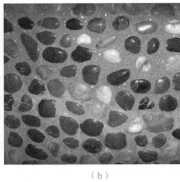

（a）　　　　　　　　　　　（b）　　　　　　　　　　　（c）

图3-39　蘑菇岩、雨花石和条石

(a)蘑菇岩；(b)雨花石；(c)条石

7. 乱形石板

乱形石板可分为规则乱形石板和非规则的平面乱形石板。前者为大小不一的规则形状，如三角形、长方形、正方形、菱形等，用于地面装饰；后者多为规格不一的直边乱形（如任意三角形、任意多边形）和随意边乱形（如自然边、曲边、齿边等）。乱形石可以是单色，也可以是多色。乱形石板的表面可以是粗面或自然面，也可以是磨光面。多用于墙面、地面、广场路面等的装饰，如图3-40所示。

图3-40　乱形石板

8. 石材马赛克

石材马赛克是将天然石材开解、切割、打磨成各种规格、形态的马赛克块拼贴而成的，是最古老和传统的马赛克品种。最早的马赛克就是用小石子镶嵌、拼贴而成的。石材马赛克具有纯天然的质感和天然石材纹理，风格古朴、高雅，是马赛克家族中档次最高的种类。根据其处理工艺的不同，石材马赛克有亚光面和亮光面两种形态，规格有方形、条形、圆角形、圆形和不规则平面、粗糙面等，如图3-41所示。

图 3-41　石材马赛克

3.5.2　人造文化石

　　人造文化石是采用硅钙、石膏等材料精制而成的。它模仿天然石材的外形纹理，具有质地轻、色彩丰富、不发霉、不燃、经久耐用、绿色环保、便于安装等特点。人造文化石应用于别墅，多层、高层公寓，以及度假村、宾馆、园林、庭院、高尔夫球场、酒吧、咖啡厅、文化娱乐场所、家庭居室大厅等建筑地面装饰和墙面装饰。适合北美、欧式、中式、地中海、西班牙等各类风格的建筑，如图 3-42 所示。

图 3-42　人造文化石

3.6　人造石材地面材料

　　天然石材虽有许多优良的性能，但由于其资源分布不均，加工后成品率低，因此成本较高，尤其是一些名贵品种价格更高。在大型装饰工程中，石材的成本常常对总工程造价起决定性作用。为适应现代装饰业的需要，人造饰面石材应运而生。

3.6.1　人造装饰石材的概念

　　人造装饰石材是以水泥或不饱和聚酯为胶粘剂，配以天然大理石或方解石、白云石、硅砂、玻璃粉等无机粉料，以及适当的阻燃剂、稳定剂、颜料等，经配料混合、浇筑、振动、压缩、挤压等方法成型固化制成的一种人造材料。它具有质量轻，强度大，厚度薄；色泽鲜艳，花色繁多，装饰性好；耐腐蚀、耐污染；便于施工，价格低等优点。由于人造装饰石材的颜色、花纹、光泽等可以仿制成天然大理石、花岗石和玛瑙等的装饰效果，故又称为人造大理石、人造花岗石或人造玛瑙等。

3.6.2　常见人造石材地面材料的类型

　　按照生产材料和制造工艺的不同，人造装饰石材可分类如下。

1. 水泥型人造装饰石材

　　水泥型人造装饰石材是以各种水泥为胶凝材料，天然砂为细集料，碎大理石、碎花岗石、工业废渣等为粗集料，经配料、搅拌、成型、加压蒸养、磨光、抛光而制成的。

这种人造石材成本低但耐酸腐蚀能力较差，若养护不好，易产生龟裂。

用铝酸盐水泥作为胶凝材料的人造装饰石材性能最为优良，因为铝酸盐水泥（也称矾土水泥）的主要矿物组成为 $CaO \cdot Al_2O_3$（简写为 CA），CA 水化时产生了氢氧化铝凝胶，氢氧化铝凝胶在硬化过程中可以不断填充人造装饰石材的毛细孔，形成致密结构，因而表面光亮，呈半透明状。同时，花纹耐久，抗风化、耐火性、耐冻性、防火性等性能优良。铝酸盐水泥原料的缺点是为克服表面返碱，需加入价格较高的辅助材料；底色较深，颜料需要量加大，使成本增加。

水泥型人造装饰石材的物理力学性能和表面的花纹色泽等装饰性能比天然石材稍差，但具有生产工艺简单、投资少、利润高、成本回收快等特点。其常见的品种有水磨石地面、花阶砖地面等，如图 3-43 所示。

（a）　　　　　　　　　　　　　　　　（b）

图 3-43　水泥型人造装饰石材
（a）水磨石地面；（b）花阶砖地面

2. 聚酯型人造装饰石材

聚酯型人造装饰石材多是以不饱和聚酯为胶凝材料，配以天然大理石、花岗石、石英砂或氢氧化铝等无机粉状、粒状填料，经配料、搅拌、浇筑成型，在固化剂、催化剂作用下发生固化，再经脱模、抛光等工序而制成，如图 3-44 所示。目前，我国多用此法生产人造石材。聚酯型人造饰面石材在制作过程中，调整各种材料的配合比、颜色、操作程序及方法，可制出大理石、花岗石、玉石等不同花色的成品，装饰效果十分逼真，仿真性能良好。此法生产的人造石材花纹图案可由设计者自行控制确定，重现性好。而且人造大理石质量轻，强度高，厚度薄，耐腐蚀性好，抗污染，并有较好的可加工性，易于成型、施工方便；缺点是价格相对较高一些，填料级配若不合理，产品易出现翘曲变形。聚酯型人造装饰石材可用于室内外墙面、柱面、楼梯面板、服务台面等部位。

3. 烧结型人造石材

烧结型人造石材的生产方法与陶瓷工艺相似，是将长石、石英、辉绿石、方解石等粉料和赤铁矿粉，以及一定量的高岭土共同混合，一般配合比为石粉 60%，黏土 40%，采用混浆法制备坯料，用半干压法成型，再在窑炉中以 1 000 ℃左右的高温焙烧而成，如图 3-45 所示。烧结型人造石材的装饰性好，性能稳定，但需经高温焙烧，因而能耗大，造价高。

图 3-44　聚酯型人造装饰石材

图 3-45　烧结型人造石材

4. 微晶玻璃型人造装饰石材

微晶玻璃型人造装饰石材又称微晶板、微晶石，是由矿物粉料经高温融烧而成的，由玻璃相和结晶相构成的复相人造石材。微晶玻璃型人造装饰石材按外形可分为普形板、异形板；按表面加工程度可分为镜面板、亚光板，如图 3-46 所示。

图 3-46　微晶玻璃型人造装饰石材

微晶玻璃型人造装饰石材具有天然大理石的柔和光泽，色差小，颜色多，装饰效果好，强度高、硬度高，吸水率极低，耐磨、抗冻、耐污、耐风化、耐酸碱、耐腐蚀，热稳定性好。微晶玻璃型人造装饰石材可分为优等品（A）、合格品（B）。其适用室内外墙面、地面、柱面、台面。

3.6.3　人造石材的特点

人造石材具有良好的美感、质感、板面平整洁净、色调均匀一致，纹理清晰雅致，光泽柔和晶莹，色彩绚丽璀璨，质地坚硬细腻，不吸水，防污染，耐酸碱抗风化，绿色环保、无放射性污染等优良的理化性能，这些都是天然石材所不可比拟的。

1. 优点

(1)健康、环保。在原材料的采购上，经过筛选、剔除天然石中含有辐射元素。加入不饱和聚酯树脂，这种树脂不含有对人体有害的甲醛元素，属于环保材料。在安装、铺贴上，人造石材可以直接铺贴在与人接触密切的卧室。

(2)色差可控。花纹颜色稳定，平整度高，适合大面积铺贴。

(3)易加工。产品密实度高，结构均匀细腻，可以加工成各种异形配件。

(4)易翻新。耐磨性能好，可多次翻新，装饰效果持久恒新。

(5)抗污性能好。产品经过高压振动成型，无气孔，低吸水率，防渗透，不滋生细菌。

(6)花色丰富、纹理细腻。花纹调配性强，产品品种多样，可满足各种不同装饰风格的需要。

(7)抗折强度高。一些人造石材体积密度为天然石材的1/2，但抗折强度可达30 MPa。

(8)施工方便。人造石材运输时不需要用背网，大面积铺贴不用排版对色，可以按照客户的不同喜好，调制不同的色调和花纹等。

(9)节约资源，变废为宝。目前，我国天然石材资源虽然十分丰富，但是浪费惊人，成材率仅为30%左右。其余的成为大量碎石，除少量利用外，大部分成为废石被处理掉，造成资源的大量浪费，而这些碎石可以成为人造装饰石材的主要原料，实现变废为宝。

2. 缺点

(1)不能在紫外线下使用。

(2)高温、高湿环境下慎用。

(3)硬度低。

(4)耐酸、碱性差。

3.7　新型复合石材地面材料

3.7.1　新型复合石材地面材料的概念

新型复合石材地面材料是一种将天然石材超薄板与陶瓷、铝塑板、铝蜂窝板等基材复合而成的高档建筑装饰新产品，属于石材新型材料，因与其复合的基材不同而具有不同的性能特点。可根据不同的使用要求和使用部位采用不同基材的复合板，如图3-47所示。这种人造石材其面层为3～5 mm的高档大理石，基层为化学、物理性能都与面层非常接近的普通大理石，以专门的胶粘剂(不饱和树脂)经高压与面层胶粘而成。

（a） （b） （c）

（d） （e） （f）

图 3-47　新型复合石材地面材料

（a）大理石花岗石复合板；（b）石材复合瓷砖；（c）石材玻璃复合板；

（d）复合蜂窝石材板；（e）石材铝塑板复合；（f）复合轻体保温板

3.7.2　新型复合石材地面材料的特点

（1）质量轻。石材复合板最薄可达 5 mm（铝塑板基材），常用的瓷砖复合板厚度也只有 12 mm 左右，成为对楼体有承重限制的建筑装饰的最佳选择。

（2）强度高。天然石材与瓷砖、铝蜂窝板等复合后，其抗弯、抗折、抗剪切的强度明显得到提高，大大降低了运输、安装、使用过程中的破损率。

（3）抗污染能力提高。湿贴安装容易使天然石材表面泛碱，出现各种不同的变色和污渍，难以去除；而复合板因其地板更加坚硬致密，同时具有胶层，就避免了这种情况。

（4）更易控制色差。天然石材复合板通常是用 1 m 的原板（通体板）切割成 3～4 片，这样它们的花纹与颜色近乎相同，因而更易保证大面积使用时，其颜色与花纹的一致性。

（5）安装方便。因具备以上特点，在安装过程中，大大提高了安装效率和安全性，同时也降低了安装成本。

（6）节能、降耗。石材铝蜂窝复合板因其有隔声、防潮、保温的性能，在室内外安装后可较大降低电能和热能的消耗。

（7）降低成本。因石材复合板材质较轻薄，在运输安装上节省了成本，而且对于较贵的石材品种，做成复合板后都不同程度地降低了原板成品板的成本价格。

》》 学习单元4　其他地面材料

4.1　地毯

随着经济的发展，人们生活水平的提高，室内装饰装修尤其是软装饰已成为一种新的时尚潮流，而地面装饰中的地毯，无论在家居还是在酒店宾馆、办公写字楼、公共娱乐等场所都广泛应用。

地毯具有紧密透气的结构，可以吸收和隔绝声波，有良好的隔声效果；地毯表面绒毛可以捕捉、吸附空气中的尘埃颗粒，有效改善室内空气质量；地毯是一种软性铺装材料，有别于大理石、瓷砖等硬性地面铺装材料，不易滑倒磕碰。地毯具有丰富的图案、绚丽的色彩、多样化的造型。地毯不具有辐射，不散发有害身体健康的气体，可达到各种环保要求。

4.1.1 地毯的分类

1. 按材质分类

(1)纯毛地毯。纯毛地毯手感柔和，拉力大，弹性好，图案优美，色彩鲜艳，质地厚实，脚感舒适，如图 3-48(a)所示，并具有抗静电性能好，不易老化，不褪色等特点，是高档的地面装饰材料。纯毛地毯的耐菌性和耐潮湿性较差，价格高，多用于高级别墅住宅的客厅、卧室等处。

(2)混纺地毯。混纺地毯是在纯毛纤维中加入一定比例的化学纤维制成的。该种地毯在图案花色、质地手感等方面与纯毛地毯差别不大，如图 3-48(b)所示，但克服了纯毛地毯不耐虫蛀、易腐蚀、易霉变的缺点，同时提高了地毯的耐磨性能，大大降低了地毯的价格，在高档家庭装修中成为地毯的主导产品。

(3)化纤地毯。化纤地毯也称为合成纤维地毯，是以锦纶(又称尼龙纤维)、丙纶(又称聚丙烯纤维)、腈纶(又称聚丙烯腈纤维)、涤纶(又称聚酯纤维)等化学纤维为原料，用簇绒法或机织法加工成纤维面层，再与麻布底层缝合成地毯。其质地、视感都近似羊毛，耐磨且富有弹性和鲜艳色彩，具有防燃、防污、防虫蛀的特点，清洗维护方便，在一般家庭装修中使用日益广泛，如图 3-48(c)所示。

(4)塑料地毯。塑料地毯由聚氯乙烯树脂等材料制成，加入填料、增塑剂等多种辅助材料和外加剂，经混炼、塑化在地毯模具中成型而制成的一种新型地毯，如图 3-48(d)所示。虽然质地较薄，手感硬、受气温的影响大，易老化，但该种材料色彩鲜艳，耐湿性、耐腐蚀性、耐虫蛀及可擦洗性都比其他材质有很大提高，特别是具有阻燃性和价格低的优势，多用于宾馆、商场、浴室和住宅的门厅。

(5)剑麻地毯。剑麻地毯是采用植物纤维剑麻(西沙尔麻)为原料，经纺纱、编织、涂胶、硫化等工序而成，如图 3-48(e)所示。产品分为素色和染色两种，有斜纹、罗纹、鱼骨纹等多种花色。剑麻地毯具有耐酸、耐碱、无静电现象等特点，但弹性较差，手感粗糙。它适用公共场所的地面铺设。

2. 按编织工艺分类

(1)手工编织地毯。手工编织地毯专指纯毛地毯，是采用双经双纬，通过人工打结栽绒，将绒毛层与基底一起织做而成的。手工编织地毯做工精细，图案千变万化，是地毯中的上品。但手工地毯也有一些缺点，如工效较低，产量少等，因此手工地毯价格高。

(2)簇绒地毯。簇绒地毯是目前各国生产化纤地毯的主要方式，它是通过带有一排往复式穿针的纺机，生产出厚实的圈绒地，用锋利的刀片横向切割毛圈顶部，并经修剪就成为平绒地毯。簇绒地毯表面纤维密度大，因而弹性好，脚感舒适，而且可在毯面上印染各种花纹图案。

图 3-48　地毯按材质分类

(a)纯毛地毯；(b)混纺地毯；(c)化纤地毯；(d)塑料地毯；(e)剑麻地毯

　　(3)无纺地毯。无纺地毯是指无经纬编织的短毛地毯。无纺地毯因其生产工艺简单，成本低，故而价格较低，但其弹性和耐久性较差。

　　3. 按图案类型分类

　　(1)京式地毯。京式地毯是指北京式传统地毯，地毯图案工整对称，色调典雅，庄重古朴，且具有独特的寓意及象征性，如图 3-49(a)所示。

　　(2)美术式地毯。美术式地毯具有主调颜色，其他颜色和图案都是衬托主调颜色的特点，突出美术图案，给人以繁花似锦的感觉，如图 3-49(b)所示。

　　(3)仿古式地毯。仿古式地毯是以古代的花纹图案、风景、花鸟等为题材，给人以古色古香、古朴典雅的感觉，如图 3-49(c)所示。

　　(4)彩花式地毯。彩花式地毯是以黑色为底色，配以小花图案，浮现百花争艳的情调，色彩绚丽，名贵大方，如图 3-49(d)所示。

　　(5)素凸式地毯。素凸式地毯的色调较为清淡，图案为单色凸花织做，纹样剪片后清晰美观，犹如浮雕，幽静雅致，如图 3-49(e)所示。

图 3-49　地毯按图案类型分类

(a)京式地毯；(b)美术式地毯；(c)仿古式地毯

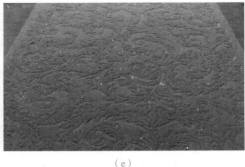

（d） （e）

图 3-49 地毯按图案类型分类（续）
（d）彩花式地毯；（e）素凸式地毯

中国文化

地毯中的中国文化韵味

　　除使用价值外，地毯的价值更体现在艺术鉴赏上，这主要是因为地毯的花纹式样和地域风格各具特色。中式地毯的图案设计富含中国传统文化元素，一笔一画都不是随随便便地堆积，而都是有根可寻的。里边的纹饰、花草、虫鸟、吉兽都承载着中国人的人生观、价值观、世界观和处世哲学，寄予了很多希冀和美好。我国最常见的纹饰图样有龙纹、凤纹、"博古"纹。特别是琴、棋、书、画图案和由梅花、兰草、竹、菊花组成的"四君子图案"，它象征了人们高尚的情操。各个民族所产的地毯，风格和类型也各不相同，这让地毯带有了独特的地域魅力。如西藏的龙鹤图、走廊毯；北京的亭台楼阁；内蒙古的寿喜图；宁夏的龙抱柱等。可以这样说，中式地毯的纹饰图案体现了中国文化的韵味。

4.1.2　常见地毯

1. 纯毛地毯

纯毛地毯可分为手工编织纯毛地毯和机织纯毛地毯两种。

（1）手工编织纯毛地毯。手工编织纯毛地毯是采用优质棉毛纺纱，用现代染色技术染成最牢固的绚丽色彩，经精湛的手工技巧织成瑰丽的图案，再以专用机械平整毯面，最后用化学方法染出丝光。

手工编织纯毛地毯是自下往上垒织栽绒打结而制成的，每垒织打结完一层称一道，通常 1 英尺①高的毯面上垒织的道数多少表示地毯的栽绒密度。道数越多，栽绒密度越大，地毯质量越好，价格也越高。地毯的档次也与道数成正比关系，一般家用地毯为 90～150 道，高级装修用的地毯均在 200 道以上，个别可达 400 道。手工编织纯毛地毯具有图案优美、色泽鲜艳、质地厚实、富有弹性、柔软舒适、经久耐用等特点，用来铺地装饰效果极佳。

（2）机织纯毛地毯。机织纯毛地毯具有毯毛平整、富有弹性、脚感舒适、耐磨耐用

---

① 1 英尺≈30.48 cm。

等特点。其性能与纯毛手工地毯相似，但价格远低于手工地毯。与化纤地毯相比，则其回弹性、抗静电、抗老化、耐燃性等均优于化纤地毯。

机织纯毛地毯最适用宾馆、饭店、楼梯、楼道、宴会厅、酒吧间、会客厅及家庭、体育馆等满铺使用。另外，此类地毯还有阻燃性产品，可用于防火性能要求较高的建筑物室内地面。

2. 化纤地毯

（1）化纤地毯的构造。化纤地毯由面层、防松涂层、背衬三部分构成。

1）面层。面层是以聚丙烯纤维（丙纶）、聚丙烯腈纤维（腈纶）、聚酯纤维（涤纶）、聚酰胺纤维（锦纶）等化学纤维为原料，通过机织和簇绒等方法加工成为面层织物。

2）防松涂层。防松涂层是指涂刷于面层织物背面初级背衬上的涂层。这种涂层是以氯乙烯—偏氯乙烯共聚乳液为主要成膜物质，再添加增塑剂、增稠剂及填料等配制而成的一种涂料，将其涂于面层织物背面，可以增加地毯绒面纤维在初级背衬上的固着牢度，使之不易脱落。

3）背衬。背衬材料一般为麻布，采用胶结力很强的丁苯乳胶、天然乳胶等水乳型橡胶作胶粘剂，将麻布与已经防松涂层处理过的初级背衬相粘结，以形成次级背衬，然后经加热、加压、烘干等工序，即成卷材成品。

（2）化纤地毯的主要技术性质。

1）耐磨性。地毯的耐磨性用耐磨次数来表示，即地毯在固定压力下磨至背衬露出所需要的次数。耐磨次数越多，表示耐磨性越好。耐磨性的优劣与所用材质、绒毛长度及道数有关。耐磨性是衡量其耐久性的重要指标。

2）弹性。地毯的弹性是指地毯经过一定次数的碰撞（一定动荷载）后厚度减少的百分率。纯毛地毯的弹性好于化纤地毯，而丙纶地毯的弹性不及腈纶地毯。弹性反映地毯受压后，其厚度产生压缩变形的程度，这是脚感是否舒适的重要性能。

3）剥离强度。剥离强度是衡量地毯面层与背衬复合强度的一项性能指标，也是衡量地毯复合后耐水性指标。通常以背衬剥离强度表示，即指采用一定的仪器设备，在规定速度下将 50 mm 宽的地毯试样面层与背衬剥离至 50 mm 长时所需要的最大力。

4）粘合力。粘合力是衡量地毯绒毛固着在背衬上的牢固程度的指标。化纤簇绒地毯的粘合力以簇绒拔出力来表示，要求圈绒拔出力大于 20 N，平绒毯簇绒拔出力大于12 N。

5）抗老化性。抗老化性主要是对化纤地毯而言。这是因为化学合成纤维在空气、光照等因素作用下会发生氧化，使性能下降。通常是用经紫外线照射一定时间后，化纤地毯的耐磨次数、弹性及色泽的变化情况加以评定。

6）抗静电性。化纤地毯使用时易产生静电，产生吸尘和难清洗等问题，严重时人有触电的感觉，因此，化纤地毯生产时常掺入适量抗静电剂。抗静电性用表面电阻和静电压来表示。

7）耐燃性。耐燃性是指地毯遇到火种时，在一定时间内燃烧的程度。燃烧时间在12 min 以内，燃烧直径在 17.96 cm 以内，耐燃性合格。

8）耐菌性。地毯作为地面覆盖物，在使用过程中，易被虫、菌所侵蚀而发生霉烂变质。凡能耐受 8 种常见的霉菌和 5 种常见的细菌的侵蚀而不长菌与霉变的均认为合格。

4.2 PVC塑料地板

塑料地板主要是指塑料地板革、塑料地板砖等材料,它是用PVC塑料和其他塑料,再加入一些添加剂,通过热挤压法生产的一种片状地面装饰材料。塑料地板与涂料、地毯相比,它价格适中,使用性能较好,适应性强,耐腐蚀,行走舒适,应用面广泛。

目前,国内塑料地板、塑胶地板材料的品种已有上百种。塑料地板按掺入的树脂来分,有聚氯乙烯塑料地板、氯乙烯—醋酸乙烯塑料地板和聚乙烯或聚丙烯塑料地板。树脂中加入一定比例的橡胶可制成塑胶地板。成品有硬质、半硬质和弹性地板。外形有块状(地板砖)和卷材(地板革)两种。生产方法有热压法、压延法、注射法等。目前,市场上的产品多为压延法生产的半硬质PVC塑料地板砖。

塑料地板适用宾馆、住宅、医院等建筑的地面、体育场馆地坪、球场和跑道等地面装饰。

4.2.1 塑料地板的特点

一般将用于地面装饰的各种塑料块板和铺地卷材通称为塑料地板。目前常用的塑料地板主要是聚氯乙烯(PVC)塑料地板。PVC塑料地板具有较好的耐燃性和自熄性,色彩丰富,装饰效果好,脚感舒适,弹性好,耐磨、易清洁,尺寸稳定,施工方便,价格较低,是发展最早、最快的建筑装饰塑料制品,广泛应用于各类建筑的地面装饰,如图3-50所示。

图 3-50　PVC地板装饰效果

4.2.2 常用PVC塑料地板的类型

常用的PVC塑料地板按其组成和结构主要有以下几种。

1. 半硬质单色PVC地砖

半硬质单色PVC地砖属于块材地板,是最早生产的一种PVC塑料地板。单色PVC地砖可分为素色和杂色拉花两种。杂色拉花是在单色的底色上拉直条的其他颜色的花纹,有的外观类似大理石花纹,也有人称为拉大理石花纹地板。杂色拉花不仅增加表面的花纹,同时对表面划伤有遮掩作用。半硬质单色PVC地砖表面比较硬,有一定的柔性,脚感好,不翘曲,耐凹陷性和耐沾污性好,但耐刻画性较差,机械强度较低,如图3-51(a)所示。

2. PVC 地砖

（1）印花贴膜 PVC 地砖。印花贴膜 PVC 地砖由面层、印刷层和底层组成，如图 3-52（a）所示。面层为透明的 PVC 膜，厚度一般为 0.2 mm 左右，起保护印刷图案的作用；中间层为一层印花的 PVC 色膜，印刷图案有单色和多色，表面一般是平的，也有的压上橘皮纹或其他花纹，起消光作用；底层为加填料的 PVC，也可以使用回收的旧塑料。

（2）印花压花 PVC 地砖。印花压花 PVC 地砖的表面没有透明 PVC 膜，印刷图案是凹下去的，通常是线条、粗点等，在使用时油墨不易清理干净，如图 3-52（b）所示。印花压花 PVC 地砖除有印花压花图案外，其他均与半硬质单色 PVC 地砖相同，应用范围也基本相同。

（3）碎粒花纹地砖。碎粒花纹地砖是由许多不同颜色的 PVC 碎粒互相结合，碎粒的粒度一般为 3～5 mm，地砖整个厚度上都有花纹。碎粒花纹地砖的性能基本与单色 PVC 地砖相同，其主要特点是装饰性好，碎粒花纹不会因磨耗而丧失，也不怕烟头的危害，如图 3-52（c）所示。

3. 软质单色 PVC 卷材地板

软质单色 PVC 卷材地板通常是匀质的，底层、面层组成材料完全相同。地板表面有光滑的，也有压花的，如直线条、菱形花等，可起到防滑作用。软质单色 PVC 卷材地板主要有以下特点：质地软，有一定的弹性和柔性；耐烟头性、耐沾污性和耐凹陷性中等，不及半硬质 PVC 地砖；材质均匀，比较平伏，不会发生翘曲现象；机械强度较高，不易破损，如图 3-51（b）所示。

4. 印花不发泡 PVC 卷材地板

印花不发泡 PVC 卷材地板结构与印花 PVC 地砖相同，也由三层组成：面层为透明的 PVC 膜，用来保护印刷图案；中间层为一层印花的 PVC 色膜；底层为填料较多的 PVC，有的产品以回收料为底料，可降低生产成本；表面一般有橘皮、圆点等压纹，以降低表面的反光，但仍有一定的光泽。

印花不发泡 PVC 卷材地板的性能基本与软质单色 PVC 卷材地板接近，但要求有一定的层间剥离强度，印刷图案的套色精度误差小于 1 mm，并不允许有严重翘曲。印花不发泡 PVC 卷材地板适用通行密度不高、保养条件较好的公共及民用建筑，如图 3-51（c）所示。

5. 印花发泡 PVC 卷材地板

印花发泡 PVC 卷材地板的基本结构与不发泡 PVC 卷材地板接近，但它的底层是发泡的。一般的印花发泡 PVC 卷材地板由三层组成：面层为透明的 PVC 膜；中间层为发泡的 PVC 层；底层通常为矿棉纸、化学纤维无纺布等。其可用于要求较高的民用住宅和公共建筑的地面铺装，如图 3-51（d）所示。

4.2.3　PVC 塑料地板的特性

（1）尺寸稳定性。它与增塑剂和填料的加入量有关，增塑剂多、填料少的软质 PVC 地板尺寸稳定性差；反之，半硬质地板的尺寸稳定性就好，使用中不应出现尺寸变化过大的现象，如图 3-52 所示。

（2）翘曲性。匀质 PVC 地板一般不发生翘曲，复合层地板因各层材料稳定性的差异容易出现翘曲。

图 3-51　PVC 塑料地板的分类

（a）半硬质单色 PVC 地砖；（b）软质单色 PVC 卷材地板；
（c）印花不发泡 PVC 卷材地板；（d）印花发泡 PVC 卷材地板

（a）　　　　　　　　　　　　（b）　　　　　　　　　　　（c）

图 3-52　PVC 地砖

（a）印花贴膜 PVC 地砖；（b）印花压花 PVC 地砖；（c）印花碎粒花纹地砖

（3）耐凹陷性。半硬质 PVC 地板耐凹陷性较好，其他地板在长期受压后造成的凹陷不易恢复。

（4）耐磨性。耐磨性与面层树脂的种类和填料的比例有关，填料多可提高耐磨性。

（5）耐热耐燃性。地板要有一定的耐热性，遇未熄灭的烟头，地板不应被引燃，且离火后应自熄，半硬质 PVC 地板的耐热性和耐燃性最好。

（6）耐污染、耐化学性。地板表面致密、光滑则吸收性小，能抗化学侵蚀。PVC 塑料地板能耐油污、耐酸碱、不腐蚀，所以易清洗，这是 PVC 地板的一大特点。

（7）抗静电性。塑料地板经摩擦易产生静电，静电积聚易吸尘甚至产生火花而引起火灾，在 PVC 地板中加入一些抗静电剂，可避免产生静电积聚。有绝缘要求是不加抗静电剂。

（8）机械性能。高分子聚合物有一定的耐磨性和机械强度，填料可提高硬度，这是塑料地板的主要性能指标。

（9）耐老化性。PVC 塑料易老化是影响其使用的致命弱点，生产中加入抗老化剂，可提高其抗老化性，完全可满足使用要求，一般寿命可达 20 年。

4.2.4　PVC 地板的性能比较

PVC 地板砖产品的种类很多，各有其特点，现将几种 PVC 地板砖的性能比较列于表 3-8 中。

表 3-8　几种 PVC 地板砖性能比较

项目	半硬质地板砖	印花地板砖	软质单色卷材	不发泡印花卷材	发泡印花卷材
规格	300 mm×300 mm 330 mm×330 mm	303 mm×303 mm	1.0～1.5 m× 20～25 m	1.5～1.8 m× 20～25 m	1.6～2.0 m× 20～25 m
弹性	硬	软-硬	软	软-硬	软有弹性
耐凹陷性	好	好	中	中	差
耐烟头性	好	差	中	差	最差
耐污染性	好	中	中	中	中
耐机械损伤	好	中	中	中	较好
脚感	硬	中	中	中	好
装饰性	一般	较好	一般	较好	好
施工	粘结	粘结	平铺可粘结	可不粘结	平铺可不粘结

4.2.5　塑胶地板

半硬质 PVC 地板的弹性韧性较差，在塑料地板中加入一定量的橡胶，就可制成塑胶地板。塑胶地板弹性大、耐磨、耐候性好，呈现卷材状。塑胶地板的种类如下：

（1）全塑型。全塑型是全塑胶弹性体，适用高能体育运动场地，如跑道、跳远跳高的起跑道等。

（2）混合型。混合型由防滑层和含有 50％橡胶的颗粒胶层组成，适于大运动量体育场地。

（3）颗粒型。颗粒型由塑胶粘合塑胶颗粒组成，适用一般球场地面。

（4）复合型。复合型是由颗粒型塑胶做底层胶，全塑型塑胶由中胶层和防滑面层叠合粘结而成，适用田径跑道。塑胶地板的厚度为 2～25 mm。

4.3　地面涂料

4.3.1　地面涂料的类型

建筑地面装饰涂料常用的类型有乳液型涂料、溶剂型涂料、无机高分子涂料等。目前，地面涂料正向水性、无溶剂、弹性、自流平及浅色导电等方向发展。

地面涂料的主要技术性能见表 3-9。

表 3-9　地面涂料的主要技术参数

项目	技术指标	检测方法
涂层颜色与外观	复合标准样板及其色差范围，涂膜平整	
耐磨性/[g·(1 000 r)$^{-1}$]	<0.6	
耐水性	无异常	按 GB/T 1733—1993 规定执行，(23±2)℃，浸 7 d
冲击强度/(N·cm)	>400	按 GB/T 1732—2020 规定执行
耐热性	不起泡、不开裂	(100±2)℃恒温烘 4 h
黏结强度/MPa	>2	
耐日用化学沾污性	良好	
耐灼烧性	不起泡、不变形、不变色	用香烟头灼烧方法测试
耐洗刷性/次	>1 000	耐洗刷仪测定

1. 过氯乙烯地面涂料

过氯乙烯地面涂料是以过氯乙烯树脂为主要成膜物质，掺入少量其他树脂，并加入一定量的填料、增塑剂、颜料、稳定剂等，经混炼、切片后溶解于有机溶剂中的一种溶剂型的地面涂料。过氯乙烯地面涂料具有耐老化和防水性好，漆膜干燥后无刺激气味，对人体健康无害等特点。过氯乙烯地面涂料适用住宅建筑、物理实验室等水泥地面的装饰，由于其含有大量易挥发、易燃的有机溶剂，因而，在配制涂料及涂刷施工时应注意防火、防毒。

2. 聚氨酯—丙烯酸酯地面涂料

聚氨酯—丙烯酸酯地面涂料是以聚氨酯—丙烯酸酯复合乳液为主要成膜物质，以二甲苯、醋酸丁酯等为溶剂，再加入填料、颜料和各种助剂而制成的。主要适用车间、停车场、体育场等弹性防滑地面。聚氨酯—丙烯酸酯地面涂料的技术参数要求见表 3-10。

表 3-10　聚氨酯—丙烯酸酯地面涂料的主要技术参数

项目	技术指标	项目	技术指标
干燥时间	表干，≤2 h；实干，≤24 h	柔韧性	曲率半径 0.5 mm 不破裂
光泽	≥75	耐沸水性	5 h 无变化
遮盖力	≤170 g/m²	耐腐蚀性	48 h 无变化
冲击强度/(N·cm)	3 J 不破裂	耐沾污性	5 次，反射系数下降率≤10%

3. 环氧树脂地面涂料

环氧树脂地面涂料是以环氧树脂为主要成膜物质，以二甲苯、丙酮为稀释溶剂，再加入颜料、填料、增塑剂和固化剂等，经过一定的制作工艺加工而成的双组分常温固化型涂料。甲组分有清漆和色漆，乙组分是固化剂。环氧树脂涂料与基层粘结性能良好，涂膜坚韧，有较好的耐水性、耐磨性、耐腐蚀性及优良的耐候性，装饰效果良好，但施工操作比较复杂。但施工时应注意通风、防火，主要适用生产车间、办公室、厂房、仓库及停车场等场合。

4.3.2　地面涂料的特点

地面涂料的主要功能是装饰与保护室内地面，使地面清洁美观，与其他装饰材料一同创造良好的室内环境。为了获得良好的装饰效果，地面涂料应具有以下特点：

（1）耐碱性良好：因为地面涂料主要涂刷在水泥砂浆基层上，带有碱性，因此应具有良好的耐碱性。

（2）与水泥砂浆有良好的粘结性：水泥地面涂料，必须具备与水泥类基层的粘结性能，要求在使用过程中不脱落、不起皮。

（3）耐水性好：要满足清洁擦洗的需要，因此要求涂层有良好的耐水洗刷性能。

（4）较高的耐磨性：耐磨性好是地面涂料的基本使用要求，要经得住行走、重物的拖移等产生的摩擦。

（5）耐冲击性好：地面容易受到重物的冲击、碰撞，地面涂料应在冲力下不开裂、不脱落，凹痕不明显。

（6）涂刷施工方便，重涂容易，价格合理：地面在磨损、破坏后需要重涂，因此要重涂方便，费用不高。

模块小结

本模块基于地面装饰材料的种类，分为木材类地面材料、陶瓷类地面材料、石材类地面材料及其他地面材料四部分，讲述了各类常见地面装饰材料的性能、规格及应用。要求学生掌握各类地面装饰材料的特性，并能根据不同装饰效果和功能要求合理选择合适的地面装饰材料。

思考与练习

1. 简述强化木地板组成各层的功能与特性。

2. 新型陶瓷地砖有哪些品种？它们各有什么特点？

3. 地面装饰工程中大理石和花岗石的主要性能特点有哪些？指出各自常用品种的名称。

4. 地毯的分类方法有哪些？

5. 建筑装饰地面涂料应具有什么特点？常用的品种有哪些？简要叙述各自的性质。

实训任务

请到当地装饰材料市场，对地面装饰制品进行市场调研。

任务：调查该装饰材料市场上常见的木地板、陶瓷地砖、石材地砖、地毯及塑料地板的种类，分别用于哪些地面装饰场所，在木地板、陶瓷地砖、石材地砖、地毯及塑料地板四类地板中各选择3种调查其价格、规格、特点、品牌及生产厂家信息。

要求：3～5人为一个小组开展调研活动，任务完成后，以小组为单位提交一份调研过程记录（附照片记录）及调研报告，同时结合本次内容及调研情况，对比不同种类地面装饰材料各自的特点，探讨如何进行合理的选用。

模块四 建筑装饰胶凝材料及胶粘剂

教学目标 >>>

知识目标	了解常见胶凝材料种类、性能、规格；了解以胶凝材料为原材料的建筑砂浆和混凝土的性能、使用范围，以及建筑常用胶粘剂的种类、特性、使用范围
技能目标	熟悉水泥、建筑砂浆、混凝土、胶粘剂的技术特性，合理选择建筑装饰胶凝材料
素养目标	通过了解中国水泥发展史，树立攻坚克难，追求卓越，精益求精的"工匠精神"；面对水泥企业由高能耗、高废水、高污染的三高企业转变为"城市净化"企业，结合党和国家强调的生态观，领会环境保护与可持续发展理念

能将散粒材料（如砂、石）或块状材料（如砖、砌块等）粘结成一个整体的材料称为胶凝材料。既能在空气中凝结硬化，又能在水中凝结硬化并保持其强度的发展的胶凝材料叫作水硬性胶凝材料；只能在空气中凝结硬化保持其强度的发展的胶凝材料叫作气硬性胶凝材料，不宜用于潮湿环境和水中。

>>> 学习单元1 水硬性胶凝材料

水泥是一种粉末状材料，在水泥中加入适当水调制后，经过一系列物理、化学作用，由最初的浆体变成坚硬的石状体，如图 4-1 所示。其具有较高的强度，并且可以将散状、块状物粘结成整体，水泥不仅能在空气中凝结硬化，而且能更好地在水中凝结硬化并保持其强度的发展，因此是典型的水硬性胶凝材料。

水泥的品种繁多，按其用途和性能可分为通用硅酸盐水泥、专用水泥和特性水泥三类。目前，我国建筑工程中常用的是通用硅酸盐水泥，建筑装饰装修工程中还常使用白色硅酸盐水泥和彩色硅酸盐水泥等特性水泥。

视频：百年中国水泥史——中国水泥人百年奋斗史

1.1 通用硅酸盐水泥

通用硅酸盐水泥是以硅酸盐水泥熟料和适量的石膏及规定的混合材料制成的水硬性胶凝材料。其按混合材料的品种和掺量可分为硅酸盐水泥、普通硅酸盐水泥、矿渣硅酸盐水泥、火山灰质硅酸盐水泥、粉煤灰硅酸盐水泥、复合硅酸盐水泥六大类。

（a）   （b）

图 4-1　水泥形态

（a）水泥粉；（b）水泥块

1. 硅酸盐水泥

凡由硅酸盐水泥熟料、3％～5％石灰石或粒化高炉矿渣、适量石膏磨细制成的水硬性胶凝材料，称为硅酸盐水泥，分为 P·Ⅰ 和 P·Ⅱ 两种类型，如图 4-2 所示。硅酸盐水泥熟料是由主要含 CaO、SiO_2、Al_2O_3、Fe_2O_3 的原料，按适当比例磨成细粉烧至部分熔融水硬性胶凝物质。

（a）   （b）   （c）

图 4-2　硅酸盐水泥组成材料

（a）水泥熟料；（b）石膏；（c）粒化高炉矿渣

硅酸盐水泥生产过程：将原料按一定比例混合磨细制得具有适当化学成分的生料，生料在水泥窑中煅烧至部分熔融，冷却后而得硅酸盐水泥熟料，最后加适量石膏共同磨细至一定细度即得硅酸盐水泥。水泥的生产过程可概括为"两磨一烧"。其生产工艺流程如图 4-3 所示。

视频：水泥的生产

2. 其他硅酸盐水泥

（1）普通硅酸盐水泥。普通硅酸盐水泥是由硅酸盐水泥熟料和 5％～20％的粒化高炉矿渣、火山灰质混合物、粉煤灰适量石膏磨细制成的水硬性胶凝材料，简称普通水泥，代号 P·O。

普通水泥和硅酸盐水泥的区别在于其混合材料的掺量，普通水泥为 5％～20％，硅酸盐水泥仅为 0～5％。

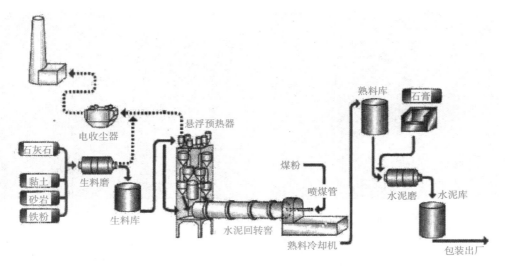

图 4-3 硅酸盐水泥生产流程

(2)矿渣硅酸盐水泥、火山灰质硅酸盐水泥、粉煤灰硅酸盐水泥。

1)矿渣硅酸盐水泥：由硅酸盐水泥熟料和粒化高炉矿渣、适量石膏磨细制成的水硬性胶凝材料，简称矿渣水泥，分为 P·S·A 和 P·S·B 两种。水泥中粒化高炉矿渣掺量按质量百分比计 20%～70%。

2)火山灰质硅酸盐水泥：火山灰质硅酸盐水泥简称火山灰水泥，代号为 P·P。火山灰水泥中火山灰质混合材料掺量按质量分数计为 20%～40%，如图 4-4 所示。

3)粉煤灰硅酸盐水泥：粉煤灰硅酸盐水泥简称粉煤灰水泥，代号为 P·F。粉煤灰水泥中粉煤灰混合材料掺量按质量分数计为 20%～40%，如图 4-5 所示。

图 4-4　火山灰

图 4-5　粉煤灰

(3)复合硅酸盐水泥。复合硅酸盐水泥简称复合水泥，代号为 P·C。复合水泥中混合材料总掺量按质量分数应大于 20%，不超过 50%。复合水泥是掺有两种以上混合材料的水泥，其特性取决于所掺两种混合材料的种类、掺量。混合材料混掺可以弥补单一混合材料的不足。

1.2　水泥的凝结、硬化及其影响因素

1. 水泥的凝结、硬化

水泥的凝结、硬化是一个非常复杂的过程，这种复杂性的产生，不仅由于它含有不

同的矿物，也由于水化产物的性质不同。

　　水泥与适量的水拌和后，水泥中熟料矿物与水发生化学反应，即水化反应，生成多种水化产物，最初形成具有可塑性的浆体，随着水化反应的进行，水泥浆体逐渐变稠失去可塑性，但尚不具有强度，这一过程称为水泥的"凝结"。随后，凝结了的水泥浆体开始产生强度，并逐渐发展成为坚硬的水泥石，这一过程称为"硬化"。水泥的水化贯穿凝结、硬化过程的始终。水泥的水化、凝结、硬化过程如图 4-6 所示。

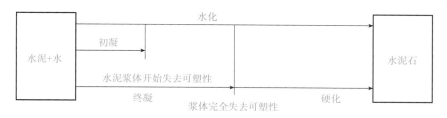

图 4-6　水泥的水化、凝结、硬化过程

　　2. 影响硅酸盐水泥凝结、硬化的因素

　　水泥的凝结、硬化过程，也就是水泥强度发展的过程，受到许多因素的影响。因素有内部的和外界的。其主要影响因素分析如下：

　　(1)熟料矿物组成。熟料矿物组成是影响水泥凝结硬化的主要内因，不同的熟料矿物成分单独与水作用时结果是不同的，因此改变水泥的矿物组成，其凝结硬化将产生明显的变化。

　　(2)细度。水泥颗粒的粗细程度直接影响水泥的水化和凝结硬化。颗粒越细，与水接触的表面积越大，水化速度较快且较充分，水泥的早期强度和后期强度都很高。但水泥颗粒过细，在生产过程中消耗的能量越多，生产成本增加，且水泥颗粒越细，需水性越大，在硬化时收缩也增大，因而水泥的细度应适中。

　　(3)石膏掺量。石膏掺入水泥中的目的是延缓水泥的凝结、硬化速度，调节水泥的凝结时间。需要注意的是，石膏的掺入要适量，掺量过少，缓凝作用小；掺入过多，容易出现体积膨胀开裂而破坏。

　　(4)拌合用水量。拌合用水量的多少是影响水泥强度的关键因素之一。从理论上讲，水泥完全水化所需水量占水泥质量的 23% 左右。但拌和水泥浆时，为使浆体具有一定的塑性和流动性，所加入的水量通常要大大超过水泥充分水化时所需用水量，多余的水在硬化的水泥石内形成毛细孔。水泥石的强度随其孔隙增加而降低。

　　(5)温度。温度对水泥的凝结硬化影响很大，提高温度，可加速水泥的水化速度，有利于水泥早期强度的形成。而在较低温度下进行水化，虽然凝结硬化慢，但水化产物较致密，可获得较高的最终强度。但当温度低于 0 ℃时，强度不仅不增长，而且还会因水的结冰而导致水泥石被冻坏。

　　(6)湿度。湿度是保证水泥水化的一个必备条件，水泥的凝结硬化实质是水泥的水化过程。因此，在干燥环境中，水化浆体中的水分蒸发，导致水泥不能充分水化，同时硬化也将停止，并会因干缩而产生裂缝。

（7）龄期。龄期是指水泥在正常养护条件下所经历的时间。水泥的凝结、硬化是随龄期的增长而渐进的过程。

水泥的凝结、硬化除上述主要因素外，还与水泥的存放时间、受潮程度及掺入的外加剂种类等影响因素有关。

1.3 水泥的技术指标和技术要求

《通用硅酸盐水泥》（GB 175—2007）对水泥的物理、化学性能指标等均做了明确规定。

1. 物理指标

（1）凝结时间。凝结时间可分为初凝和终凝。初凝为水泥加水拌和至水泥浆开始失去可塑性所需的时间；终凝为水泥加水拌和至水泥浆完全失去可塑性所需的时间。

视频：水泥凝结时间测定

水泥初凝时间和终凝时间对于工程施工具有实际的意义。为使混凝土、砂浆有足够的时间进行搅拌、运输、浇筑、砌筑，顺利完成混凝土和砂浆的制备，并确保制备的质量，初凝时间不能过短，否则在施工中即已失去流动性和可塑性而无法使用；当浇筑完毕，为了使混凝土尽快凝结、硬化，产生强度，顺利地进入下一道工序，规定终凝时间不能太长，否则将减缓施工进度，降低模板周转率。

国家标准规定：水泥的凝结时间用凝结时间测定仪进行测定。硅酸盐水泥的初凝时间不小于 45 min，终凝时间不大于 390 min；普通硅酸盐水泥、矿渣硅酸盐水泥、火山灰质硅酸盐水泥、粉煤灰硅酸盐水泥和复合硅酸盐水泥初凝时间不小于 45 min，终凝时间不大于 600 min。初凝时间不符合标准规定的水泥均为废品；终凝时间不符合标准规定的为不合格品。

视频：水泥安定性测定

（2）安定性。水泥的体积安定性是指水泥浆体在凝结硬化过程中体积变化的均匀性。当水泥浆体硬化过程发生不均匀变化时，会导致膨胀开裂、翘曲、甚至崩塌等现象，造成严重的工程事故。体积安定性不良的水泥均为废品，不能用于工程中。

（3）强度及强度等级。水泥的强度是评价和选用水泥的重要技术指标，也是划分水泥强度等级的重要依据。国家标准规定：硅酸盐水泥、普通硅酸盐水泥分为 42.5、42.5R、52.5、52.5R、62.5、62.5R 六个等级，矿渣硅酸盐水泥、粉煤灰硅酸盐水泥、火山灰质硅酸盐水泥分为 32.5、32.5R、42.5、42.5R、52.5、52.5R 六个等级，复合硅酸盐水泥分为 42.5、42.5R、52.5、52.5R 四个等级。通用硅酸盐水泥不同龄期强度见表 4-1。

（4）细度。细度是指水泥颗粒的粗细程度，属于选择性指标。国家标准规定：硅酸盐水泥的细度以比表面积表示，其比表面积不小于 300 m²/kg；普通硅酸盐水泥、矿渣硅酸盐水泥、火山灰质硅酸盐水泥、粉煤灰硅酸盐水泥和复合硅酸盐水泥的细度以 45 μm 方孔筛筛余量表示，不小于 5%。

表 4-1　通用硅酸盐水泥不同龄期的强度

强度等级	抗压强度		抗折强度	
	3 d	28 d	3 d	28 d
32.5	≥12.0	≥32.5	≥3.0	≥5.5
32.5R	≥17.0		≥4.0	
42.5	≥17.0	≥42.5	≥4.0	≥6.5
42.5R	≥22.0		≥4.5	
52.5	≥22.0	≥52.5	≥4.5	≥7.0
52.5R	≥27.0		≥5.0	
62.5	≥27.0	≥62.5	≥5.0	≥8.0
62.5R	≥32.0		≥5.5	

注：在强度等级中，R 表示早强型

2. 化学指标

水泥的化学指标主要控制水泥中有害的化学成分，要求其不超过一定的限值，否则可能对水泥的性质和质量带来危害，见表 4-2。

(1)烧失量。烧失量是指水泥在一定温度、一定时间内加热后烧失的数量。水泥煅烧不佳或受潮后均会导致烧失量增加。

(2)不溶物。不溶物是指水泥在浓盐酸中溶解保留下来的不溶性残留物。不溶物越多，水泥活性越低。

(3)碱含量。碱含量是指水泥中氧化钠(Na_2O)和氧化钾(K_2O)的含量，属于选择性指标。水泥中的碱含量高时，如果配制混凝土的集料具有碱活性，可能产生碱-集料反应，生成膨胀性的物质导致混凝土因不均匀膨胀而破坏。

表 4-2　通用硅酸盐水泥化学指标　　　　%

品种	代号	不溶物	烧失量	三氧化硫	氧化镁	氯离子
		(质量分数)				
硅酸盐水泥	P·Ⅰ	≤0.75	≤3.0	≤3.5	≤6.0	≤0.10
	P·Ⅱ	≤1.50	≤3.5			
普通硅酸盐水泥	P·O	—	≤5.0			
矿渣硅酸盐水泥	P·S·A	—	—	≤4.0	≤6.0	
	P·S·B	—	—		—	
火山灰质硅酸盐水泥	P·P	—	—	≤3.5	≤6.0	
粉煤灰硅酸盐水泥	P·F	—	—			
复合硅酸盐水泥	P·C	—	—			

1.4 水泥的性质与应用

1. 硅酸盐水泥

(1)快凝、快硬、高强。硅酸盐水泥凝结硬化快、早期强度高，因此可用于地上、地下和水中重要结构的高强度及高性能混凝土工程，也可用于有早强要求的混凝土工程。

(2)抗冻性好。硅酸盐水泥不易发生泌水，硬化后密实度大，所以抗冻性好，适用冬期施工及严寒地区遭受反复冻融的工程。

(3)抗腐蚀性差。硅酸盐水泥水化产物中有较多的氢氧化钙和水化铝酸钙，耐软水及耐化学腐蚀能力差。不宜用于水利工程、海水作用和矿物水作用的工程。

(4)碱度高，抗碳化能力强。硅酸盐水泥硬化后的水泥石显示强碱性，埋于其中的钢筋在碱性环境中表面会生成一层保护膜，而使钢筋不生锈，适用重要的钢筋混凝土结构工程。

(5)水化热大。硅酸盐水泥在水泥水化时，放热速度快且放热量大。用于冬期施工可避免冻害，但高水化热对大体积混凝土工程不利。

(6)耐热性差。硅酸盐水泥中的一些重要成分在 250 ℃ 温度时会发生脱水或分解，使水泥石强度下降；当受热 700 ℃ 以上时，将遭受破坏。所以，硅酸盐水泥不宜用于耐热混凝土工程及高温环境。

(7)耐磨性好。硅酸盐水泥强度高，耐磨性好，适用道路、地面等对耐磨性要求高的工程。

2. 普通硅酸盐水泥

普通硅酸盐水泥与硅酸盐水泥在性质上差别不大，但普通水泥在早强、强度等级、水化热、抗冻性、抗碳化能力上略有降低，耐热性和耐腐蚀性略有提高。

3. 矿渣硅酸盐水泥、火山灰质硅酸盐水泥、粉煤灰硅酸盐水泥

三种水泥有共同的性质，即凝结硬化慢，早期强度低，后期强度高；抗腐蚀能力强，适用水工、海港工程及受侵蚀性作用的工程；水化热低，适用大体积混凝土工程；抗碳化能力差，不宜用于二氧化碳浓度高的环境；抗冻性差、耐磨性差，不适用严寒地区。同时，三种水泥又分别具有各自的特点。

矿渣硅酸盐水泥耐热性好，适用高温车间、高炉基础及热气体通道等耐热工程，而且矿渣硅酸盐水泥石是产量和用量最大的水泥品种。

火山灰质硅酸盐水泥具有良好的保水性，并且在水化过程中形成大量的水化硅酸钙凝胶，从而具有较高的抗渗性。但其干缩大、干燥环境中表面易"起毛"，对于处在干热环境中施工的工程，不宜使用火山灰水泥。

粉煤灰硅酸盐水泥干缩性小，抗裂性高，但保水性差，易泌水，且活性主要在后期发挥。因此，粉煤灰水泥早期强度、水化热比矿渣水泥和火山灰水泥还要低，因此特别适用大体积混凝土工程。

4. 复合硅酸盐水泥

复合水泥是掺有两种以上混合材料的水泥。其特性取决于所掺两种混合材料的种类、掺量。混合材料混掺可以弥补单一混合材料的不足，如矿渣与粉煤灰复掺可以减少矿渣的泌水现象，使水泥更密实。

1.5 水泥的验收、运输与储存

1. 水泥的验收

由于水泥有效期短，质量易变化，因此对进入施工现场的水泥必须进行验收，以检测水泥是否合格，确定水泥是否能够用于工程。水泥的验收包括包装与标志验收、数量验收和质量验收三个方面。

（1）包装与标志验收。水泥包装袋上应清楚标明执行标准、水泥品种、代号、强度等级、生产者名称、生产许可证标志（QS）及编号、出厂编号、包装日期、净含量。硅酸盐水泥和普通硅酸盐水泥包装袋两侧应采用红色印刷或喷涂水泥名称和强度等级。矿渣硅酸盐水泥、粉煤灰硅酸盐水泥、火山灰质硅酸盐水泥和复合硅酸盐水泥包装袋两侧应采用黑色或蓝色印刷或喷涂水泥名称和强度等级。散装发运时应提交与袋装标志相同内容的卡片。

（2）数量验收。水泥可以散装或袋装，袋装水泥每袋净含量为 50 kg，且应不少于标志质量的 99%。散装水泥平均堆积密度为 1 450 kg/m³，袋装压实的水泥为 1 600 kg/m³。

（3）质量验收。水泥出厂应有水泥生产厂家的出厂合格证，内容包括厂别、品种、出厂日期、出厂编号等。检验报告内容应包括出厂检验项目、细度、混合材料品种和掺加量、石膏和助磨剂的品种及掺加量、回旋窑或立窑生产及合同约定的其他技术要求。

（4）结论。出厂水泥应保证出厂强度等级，其余技术要求应符合国家标准规定。

1）废品：凡氧化镁、三氧化硫、初凝时间、安定性中的任何一项不符合标准规定者均为废品。

2）不合格品：硅酸盐水泥、普通硅酸盐水泥凡是细度、终凝时间、不溶物和烧失量中的任何一项不符合标准规定者；矿渣硅酸盐水泥、火山灰质硅酸盐水泥、粉煤灰硅酸盐水泥和复合硅酸盐水泥凡是细度、终凝时间中的任何一项不符合规定者或混合材料掺加量超过最大限量和强度低于商品强度等级的指标时；水泥包装标志中水泥品种、强度等级、生产者名称和出厂编号不全的水泥。

2. 水泥的运输与储存

水泥在保管过程时，应按不同生产厂、不同品种、强度等级和出厂日期分开堆放，严禁混杂；在运输及保管时要注意防潮和防止空气流动，现存现用，不可储存过久。若水泥保管不当，会使水泥因风化而影响水泥的正常使用。

水泥一般应入库存放。水泥仓库应保持干燥，库房地面应高出室外地面 30 cm，离开窗户和墙壁 30 cm 以上，袋装水泥堆垛不宜过高，以免下部水泥受压结块，一般为 10 袋，如存放时间短、库房紧张，也不宜超过 15 袋；袋装水泥露天临时储存时，应选择地势高、排水条件好的场地，并认真做好上盖下垫，以防止水泥受潮。若使用散装水泥，可用薄钢板水泥罐仓或散装水泥库房存放。

对于受潮水泥，可以进行处理后再使用，受潮水泥的识别、处理和使用见表 4-3。

表 4-3　受潮水泥的识别、处理和使用

受潮程度	处理办法	使用要求
轻微结块，可手捏成粉末	将粉块压碎	经试验后根据实际强度使用
部分结成硬块	将硬块筛除，粉块压碎	经试验后根据实际强度使用，用于受力小的部位，强度要求不高的工程或配制砂浆
大部分结成硬块	将硬块粉碎磨细	不能作为水泥使用，可作为混合材料掺入新水泥使用（掺量应小于 25％）

1.6　白色水泥和彩色水泥

1. 白色水泥

氧化铁含量少的熟料，加入适量石膏及混合材料磨成细粉，制成的水硬性凝结材料称为白色硅酸盐水泥，简称白水泥，代号为 P·W，如图 4-7（a）所示。它与常用的硅酸盐水泥的主要区别在于氧化铁的含量只有后者的 1/10 左右。

按国家标准，白色水泥分为 32.5、42.5 和 52.5 三个强度等级。其技术性能见表 4-4。

表 4-4　白色水泥的技术性能

项目	技术指标			
强度等级	抗压强度/MPa		抗折强度/MPa	
	3 d	28 d	3 d	28 d
32.5	12.0	32.5	3.0	6.0
42.5	17.0	42.5	3.5	6.5
52.5	22.0	52.5	4.0	7.0
白度	1 级白度（P-W-1）不低于 89，2 级白度（P-W-2）不低于 87			
细度	45 μm 方孔筛筛余不大于 30％			
凝结时间	初凝不得早于 45 min，终凝不得迟于 600 min			
安定性	沸煮法检验必须合格			
注：白度是白色水泥一项重要的技术性能指标，是衡量白色水泥质量高低的关键指标				

2. 彩色水泥

白色硅酸盐水泥熟料，石膏和耐碱矿物颜料共同磨细，可制成彩色硅酸盐水泥。或在白色水泥生料中加入少量金属氧化物作为着色剂，直接烧成彩色熟料，然后磨细制成彩色水泥，如图 4-7（b）所示。

3. 白色水泥和彩色水泥的应用

白色水泥和彩色水泥主要用于建筑装饰工程中建筑物内外表面的装饰，既可以配制彩色水泥浆用于建筑物的粉刷和贴面装饰工程的勾缝，还可以配制成彩色水泥砂浆用于装饰抹灰，加入各种大理石、花岗石、碎石等还可以制造各种色彩的水刷石、人造大理石等制品。

（a）　　　　　　　　　　　　　（b）

图 4-7　白色水泥与彩色水泥

(a)白色水泥；(b)彩色水泥

学习单元 2　气硬性胶凝材料

2.1　石膏

石膏可分为建筑石膏、模型石膏、高强度石膏和粉刷石膏。建筑石膏主要用于生产各种石膏板材、装饰饰品及室内粉刷等；模型石膏主要用于陶瓷的制坯工艺；高强度石膏主要用于室内高级抹灰、各种石膏板、嵌条等，加入防水剂后还可以生产高强度防水石膏；粉刷石膏主要用于建筑室内墙面和顶棚抹灰，但不适用卫生间、厨房等常与水接触的地方。

石膏能在空气中凝结硬化，并能长久保持强度或继续提高硬度的材料，属于典型的气硬性胶凝材料。

2.1.1　石膏基本知识

石膏主要成分为硫酸钙（$CaSO_4$），自然界中硫酸钙以两种稳定形态存在：一种是未水化的天然无水石膏；另一种是水化程度最高的生石膏，即二水石膏（$CaSO_4 \cdot 2H_2O$）。将生石膏加热至 107 ℃～170 ℃时，部分结晶水脱出，生成半水石膏（$CaSO_4 \cdot 1/2H_2O$）；温度升高到 190 ℃以上，失去全部水分变成无水石膏（$CaSO_4$），也称为硬石膏。半水石膏和无水石膏统称为熟石膏。

建筑石膏也称熟石膏，将天然石膏入窑经低温煅烧后，磨细即得到建筑石膏。其反应式如下：

$$CaSO_4 \cdot 2H_2O \longrightarrow CaSO_4 \cdot \frac{1}{2}H_2O + 1\frac{1}{2}H_2O$$

建筑石膏的成分为半水硫酸钙，为白色粉末，堆积密度为 800～1 000 kg/m³，密度为 2 500～2 800 kg/m³。建筑石膏易受潮吸湿，凝结硬化快，因此，运输和储存的过程中要避免受潮。

2.1.2　建筑石膏的性质

（1）凝结硬化快。石膏初凝时间不小于 6 min，终凝时间不大于 30 min，在一周左右石膏可完全硬化。由于石膏的凝结速度太快，为方便施工，常掺加骨胶、硼砂等缓凝剂延缓其凝结速度。

(2)体积微膨胀。石膏浆体在凝结硬化初期体积会发生微膨胀，膨胀率约为1%。这一特性使模塑形成的石膏制品表面光滑，尺寸精确，形体饱满，装饰性好。

(3)孔隙率大，保温、吸声性能好。建筑石膏在拌和时，为使浆体具有施工要求的可塑性，需加入石膏用量60%左右的用水量，而建筑石膏水化的理论需水量为18.6%，所以大量的自由水在蒸发时，在建筑石膏制品内部形成大量的毛细孔隙，孔隙率可达50%。这就决定了石膏制品导热系数小，吸声性较好，属于轻质保温材料。

(4)具有一定的调湿性。由于石膏制品内部大量毛细孔隙对空气中的水蒸气具有较强的吸附能力，在干燥时又可以释放水分，所以对室内的空气湿度有一定的调节作用。

(5)防火性好，耐火性差。石膏制品热导率小，传热速度慢，且在遇火灾时，二水石膏将脱出结晶水，吸热蒸发，并在制品表面形成蒸汽幕和脱水物隔热层，可有效减少火焰对内部结构的危害。但建筑石膏制品在防火的同时自身也会遭到损坏，二水石膏脱水后，强度下降，因此不耐火。建筑石膏不宜在65 ℃以上的高温部位使用。

(6)耐水性、抗冻性差。石膏制品孔隙率大，且二水石膏微溶于水，具有很强的吸湿性，石膏制品吸水饱和后受冻，会因孔隙中水分结晶膨胀而破坏。所以，石膏制品的耐水性和抗冻性较差，不宜用于潮湿部位。为提高其耐水性，可加入适量的水泥、矿渣等水硬性材料，也可加入有机防水剂等，可改善石膏制品的孔隙状态或使孔壁具有憎水性。

(7)装饰性好。石膏制品表面平整，色彩洁白，并可以进行锯、刨、钉、雕刻等加工，具有良好的装饰性和可加工型。

石膏装饰制品见本书2.2.1内容。

2.2 石灰

石灰是一种以氧化钙为主要成分的气硬性无机胶凝材料。石灰是用石灰石、白云石、白垩、贝壳等碳酸钙含量高的产物，900 ℃～1 100 ℃煅烧而成的。石灰是人类最早应用的胶凝材料。石灰在土木工程中应用范围很广，在我国还可用在医药方面。

生石灰(氧化钙)中加入适量的水，可得到熟石灰(氢氧化钙)，也称消石灰，这一过程为石灰的熟化。石灰在熟化过程中会放出大量的热并伴随体积膨胀(一般体积增大1～2.5倍)。

2.2.1 石灰的性质

(1)可塑性好。生石灰熟化生成颗粒极细且成胶体分散的氢氧化钙，表面吸附一层厚厚的水膜，具有良好的可塑性。将石灰掺入水泥砂浆，可显著改善其可塑性。

(2)凝结硬化慢，强度低。1∶3的石灰砂浆硬化28 d的强度仅为0.2～0.5 MPa。

(3)耐水性差。已硬化的石灰，由于$Ca(OH)_2$易溶于水，因而耐水性差。

(4)体积收缩大。石灰在硬化过程中大量的水分蒸发引起。因此，石灰不宜单独使用，在实际工程中应加入适量纤维材料(如麻刀、纸筋)等，抑制石灰的收缩。

(5)吸湿性强。生石灰吸湿性强，是传统的干燥剂。

2.2.2 石灰在建筑中的应用

（1）石灰涂料和砂浆。用石灰膏和砂或纤维材料配制石灰砂浆、麻刀灰、纸筋灰广泛用作内墙、顶棚的抹灰砂浆。用石灰膏和水泥、砂配制成的混合砂浆作墙体砌筑或抹灰使用。有石灰乳可作为内墙和顶棚的粉刷涂料。

（2）灰土和三合土。将石灰粉和黏土按一定比例混合配制成灰土，再加入砂、炉渣等可配制成三合土，用于建筑物基础和地面垫层。

（3）碳化石灰板。将生石灰粉、纤维材料和轻质集料混合后搅拌成型，通入高浓度二氧化碳进行人工碳化制成轻质碳化石灰板，用于非承重内墙隔板、吊顶等。

2.3 水玻璃

水玻璃俗称泡花碱，是一种能溶于水的硅酸盐，由不同比例的碱金属和二氧化硅组成。建筑中常用的是硅酸钠水玻璃 $Na_2O \cdot nSiO_2$。

水玻璃的性质及建筑装饰中应用如下：

（1）涂料。涂料用于涂刷建筑材料表面或多孔材料表面，提高材料的密实度、强度和抗风化能力。

（2）配制防水剂。以水玻璃为基料，加入适量矾制品配制防水剂，适量与水泥浆调和，用于堵塞漏洞、缝隙等局部抢修工程。但由于凝结速度快不用于屋面、地面防水。

（3）保温绝热材料。以水玻璃为胶结材料，膨胀珍珠岩或膨胀蛭石为集料，加入一定赤泥焙烧而成的制品，具有良好的绝热性能。

学习单元3　建筑砂浆

建筑砂浆是由胶凝材料、细集料及填料、纤维、添加剂和水按适当比例配制，经搅拌并硬化而成，如图 4-8 所示。从某种意义上可以说，砂浆是无粗集料的混凝土，或砂率为 100% 的混凝土。

砂（河砂）　　　水泥（袋装）　　　水（清洁水）

建筑砂浆（成品）

图 4-8　建筑砂浆组成

砂浆按所用胶凝材料，可分为水泥砂浆、水泥石灰混合砂浆、石灰砂浆、水玻璃耐酸砂浆和聚合物砂浆等；按生产方式，可分为预拌砂浆、现场搅拌砂浆；按功能和用途，可分为砌筑砂浆、抹面砂浆和特种砂浆等，如防静电水泥砂浆，如图4-9、图4-10所示。

图 4-9　砌筑砂浆　　　　　　　　图 4-10　抹面砂浆

3.1　砌筑砂浆

将砖、石、砌块等粘结成为砌体的砂浆，称为砌筑砂浆。它起着粘结、传递荷载及协调变形的作用，是砌体的重要组成部分。其主要品种有水泥砂浆和水泥混合砂浆。水泥砂浆是由水泥、细集料和水配制成的砂浆。水泥混合砂浆是由水泥、细集料、掺合料（如石灰膏等）及水配制成的砂浆。砌筑砂浆所用原材料不应对人体、生物与环境造成有害的影响，并应符合《建筑材料放射性核素限量》(GB 6566—2010)的规定。

3.1.1　砌筑砂浆的组成材料

1. 水泥

水泥是砂浆的主要胶凝材料，常用的水泥品种有通用硅酸盐水泥和砌筑水泥。水泥强度等级应根据砂浆品种及强度等级的要求进行选择。M15及以下强度等级的砌筑砂浆宜选用32.5级的通用硅酸盐水泥或砌筑水泥，M15及以上强度等级的砌筑砂浆宜选用42.5级的通用硅酸盐水泥。

2. 其他胶凝材料

为改善砂浆的和易性，减少水泥用量，通常掺入一些低价的其他胶凝材料（如石灰膏等）制成混合砂浆。生石灰熟化成石灰膏时，应用孔径不大于3 mm×3 mm的网过滤，熟化时间不得少于7 d；磨细生石灰粉的熟化时间不得少于2 d。沉淀池中储存的石灰膏，应采取措施防止干燥、冻结和污染。严禁使用脱水硬化的石灰膏。所用的石灰膏的稠度应控制在120 mm左右。

为节省水泥、石灰用量，充分利用工业废料，也可将粉煤灰掺入砂浆。

3. 细集料

砂浆常用的细集料为普通砂，对特种砂浆也可选用白色或彩色砂、轻砂等。

砌筑砂浆用砂宜选用中砂，其含泥量不应超过5%；强度等级为M5的水泥混合砂浆，砂的含泥量不应超过10%。

4. 水

拌合砂浆用水与混凝土拌合水的要求相同，应选用无有害杂质的洁净水拌制砂浆。

3.1.2 砌筑砂浆的性质

1. 和易性

新拌砂浆应具有良好的和易性。使用和易性良好的砂浆，新拌砂浆应容易在砖、石及砌体表面上铺成均匀的薄层，以利于砌筑施工和砌筑材料的粘结。

砂浆的和易性包括流动性和保水性。砂浆的流动性也称稠度，是指在自重或外力作用下流动的性能；保水性是指新拌砂浆保持水分的能力，它也反映了砂浆中各组分材料不易分离的性质。

2. 砂浆的强度

砂浆抗压强度是以标准立方体试件（70.7 mm×70.7 mm×70.7 mm），一组 6 块，在标准养护条件［温度为（20±2）℃、相对湿度为 90% 以上］下，测定其 28 d 的抗压强度值而定的。水泥混合砂浆的强度等级可分为 M15、M10、M7.5、M5.0；水泥砂浆及预拌砂浆的强度等级可分为 M30、M25、M20、M15、M10、M7.5、M5.0。

影响砂浆强度的因素很多。实验证明，当原材料质量一定时，砂浆的强度主要取决于水泥强度等级和水泥用量。用水量对砂浆强度及其他性能的影响不大。

3. 砂浆的耐久性

硬化砂浆应具有良好的耐久性。通常，砂浆可起着保护工程结构的作用。耐久性良好的砂浆有利于保证其自身不发生破坏，并对工程结构起到应有的保护作用。

3.2 抹面砂浆

抹面砂浆也称抹灰砂浆，用来涂抹在建筑物或建筑构件的表面，兼有保护基层和满足使用要求的作用。

抹面砂浆的组成材料与砌筑砂浆基本相同，但为了防止砂浆开裂，有时需加入一些纤维材料（如纸筋、麻刀、有机纤维等），如图 4-11、图 4-12 所示；为了强化某些功能，还需加入特殊集料（如陶粒、膨胀珍珠岩等），如图 4-13、图 4-14 所示。

对抹面砂浆要求具有良好的和易性，容易抹成均匀平整的薄层，便于施工。还应有较高的粘结力，砂浆层应能与底面粘结牢固，长期不致开裂或脱落。处于潮湿环境或易受外力作用部位（如地面、墙裙等），还应具有较高的耐水性和强度。

图 4-11　纸筋

图 4-12　麻刀

图 4-13　膨胀珍珠岩　　　　　　　图 4-14　陶粒

根据抹面砂浆功能的不同，抹面砂浆可分为普通抹面砂浆、装饰砂浆、防水砂浆和具有某些特殊功能的抹面砂浆（如绝热砂浆、吸声砂浆、耐酸砂浆和防辐射砂浆等）。

与砌筑砂浆相比，抹面砂浆具有以下特点：

（1）抹面层不承受荷载。

（2）抹面层与基底层要有足够的粘结强度，使其在施工中或长期自重和环境作用下不脱落、不开裂。

（3）抹面层多为薄层并分层涂抹，面层要求平整、光洁、细致、美观。

（4）多用于干燥环境，大面积暴露在空气中。

3.2.1　普通抹面砂浆

普通抹面砂浆的功能主要是保护结构主体不受风雨及有害杂质的侵蚀，提高防潮、防腐蚀、抗风化性能，增加耐久性；同时，可使建筑达到表面平整、清洁和美观的效果。

为了保证抹灰层表面平整，避免裂缝和脱落，常采用分层薄涂的方法，一般分为两层或三层进行施工，如图 4-15 所示。一般底层砂浆起粘结基层的作用，要求砂浆应具有良好的和易性和较高的粘结力，因此，底面砂浆的保水性要好，否则水分易被基层材料吸收而影响砂浆的粘结力。基层表面粗糙些有利于与砂浆的粘结。中层抹灰主要是为了找平，有时可省略不用。面层抹灰主要为了平整美观，因此选用细砂。

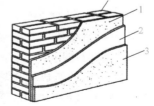

图 4-15　抹灰层的组成
1—底层；2—中层；
3—面层；4—基层

3.2.2　装饰砂浆

粉刷在建筑物内外表面，具有美化装饰、改善功能、保护建筑物的抹面砂浆，称为装饰砂浆。

1. 传统装饰砂浆

传统装饰砂浆施工时，底层和中层抹面砂浆与普通抹面砂浆基本相同。不同的是，装饰砂浆的面层要求选用具有一定颜色的胶凝材料、集料及采用特殊的施工操作工艺，使表面呈现出不同的色彩、质地、花纹和图案等装饰效果。

传统装饰砂浆所采用的胶凝材料除普通水泥、矿渣水泥等外，还可以应用白水泥、彩色水泥，或者在常用水泥中掺加耐碱矿物颜料，配制成彩色水泥砂浆。装饰砂浆采用的集料除普通河砂外，还可以使用色彩鲜艳的花岗石、大理石等色石及细石碴，有时也采用玻璃或陶瓷碎粒。也可以加入少量云母碎片、玻璃碎料、长石、贝壳等，使表面获得发光效果。

装饰砂浆饰面可分为两类：一类是通过彩色砂浆或彩色砂浆的表面形态的艺术加工，获得一定色彩、线条、纹理质感，达到装饰目的饰面，称为"灰浆类饰面"；另一类是在水泥砂浆中掺入各种彩色的石碴作为集料，制得水泥石碴浆抹于墙体基层表面，然后用水洗、斧剁、水磨等手段，除去表面水泥砂浆皮，露出石碴的颜色、质感的饰面，称为"石碴类饰面"（图 4-16、图 4-17）。

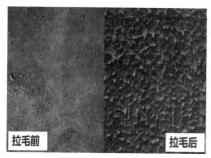

图 4-16　拉毛灰

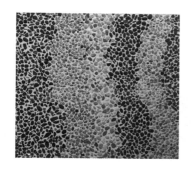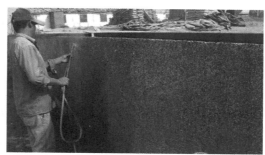

图 4-17　水刷石

2. 新型装饰砂浆

新型装饰砂浆由胶凝材料、精细分级的石英砂、颜料、可再分散乳胶粉及各种聚合物添加剂配制而成。根据砂粒粗细、施工手法的变化，可塑造出各种质感效果。装饰砂浆在性能上具有很多特点，在国外，装饰砂浆已被证明是外墙外保温体系的最佳饰面材料。

彩色装饰砂浆是一种新型的无机粉末状装饰材料，在发达国家已广泛代替涂料和瓷砖应用于建筑物的内、外墙装饰。涂层厚度一般为 1.5～2.5 mm，而普通乳胶漆漆面厚度仅为 0.1 mm，因此可获得极好的质感及立体装饰效果。

彩色饰面砂浆产品特点如下：

（1）材质轻，解决了建筑物增加自重问题。

（2）柔性好，适用圆柱体及弧形的造型。

（3）形状、大小、颜色可按用户要求定制。

（4）色彩古朴，装饰性强。

（5）施工简单，耐久性好，与基底有很强的粘结力。

（6）防水、抗渗、透气、抗收缩。

（7）无毒无味、绿色环保建材。

施工时，通过选择不同图形的模板、工具，施以拖、滚、刮、扭、压、揉等不同手法，使墙面变化出压花、波纹、木纹等各式图案，艺术表现力强，可与自然环境、建筑风格和历史风貌更完美地融合，如图 4-18 所示。

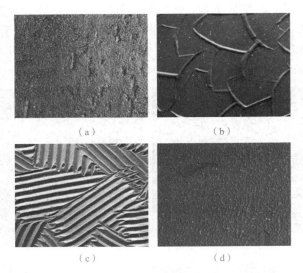

图 4-18　新型装饰砂浆

(a)刮砂艺术墙面；(b)批荡艺术墙面；(c)刮梳艺术墙面；(d)拉毛艺术墙面

彩色饰面砂浆用于外保温体系，既有有机涂料色彩丰富、材质轻的特点，同时又有无机材料耐久性能好的优点。其具有良好的透气性和憎水性，可形成带有呼吸功能的彩色外墙装饰体系，特别适用对憎水透气要求较高的建筑物；原材料均是天然矿物材料，不含游离甲醛、苯等挥发性有机物，无毒、无味、绿色环保；具有良好的弹性及低收缩性，相当于在建筑物外表形成有弹性的防水隔热层，涂装后不会因天气冷热交替变化而产生开裂现象，并可承受墙体的细微裂缝；因其具备 1.5 mm 以上厚度的涂层，因此防水防渗效果特别好，且抗压、抗撞，不掉块，具有特别的韧性。

以瓷砖装饰效果为例，该做法施工速度快，比贴瓷砖做法施工效率提高 100%，比传统的瓷砖做法价格低 50%，等同于优质涂料施工。此外，由于装饰砂浆材质轻，可以减少建筑结构的负重，同时不会产生脱落，避免出现瓷砖坠落砸伤事故。装饰砂浆具有整体性，不会产生缝隙，可以避免水渗入墙体结构，可以提高建筑结构寿命，如图 4-19 所示。

图 4-19　仿瓷砖装饰效果

3.3 特种砂浆

3.3.1 防水砂浆

用作防水层的砂浆称为防水砂浆。砂浆防水层又称刚性防水层，适用不受振动和具有一定刚度的混凝土和砖石砌体的表面，对于变形较大或可能发生不均匀沉陷的建筑物，都不宜采用刚性防水。

防水砂浆主要有以下三种：

（1）水泥砂浆。水泥砂浆是由水泥、细集料、掺合料和水制成的砂浆。普通水泥砂浆多层抹面用作防水层。

（2）掺加防水剂的水泥砂浆。在普通水泥中掺入一定量的防水剂而制得的防水砂浆是目前应用最广泛的一种防水砂浆。常用的防水剂有硅酸钠类、金属皂类、氯化物金属盐及有机硅类等。

（3）膨胀水泥和无收缩水泥配制砂浆。由于该种水泥具有微膨胀或补偿收缩性能，从而能提高砂浆的密实性和抗渗性。

3.3.2 保温砂浆

保温砂浆是以各种轻质材料为集料，以水泥为胶凝材料，掺加一些改性添加剂，经生产企业搅拌混合而制成的一种预拌干粉砂浆。其主要用于建筑外墙保温，具有施工方便、耐久性好等优点。

常见的保温砂浆主要有无机保温砂浆（玻化微珠防火保温砂浆、复合硅酸铝保温砂浆、珍珠岩保温砂浆）、有机保温砂浆（胶粉聚苯颗粒保温砂浆）和相变保温砂浆。

1. 无机保温砂浆

无机保温砂浆是一种用于建筑物内外墙粉刷的新型保温节能砂浆材料，以无机玻化微珠作为轻集料，也可用闭孔膨胀珍珠岩代替，加由胶凝材料、抗裂添加剂及其他填充料等组成的干粉砂浆。具有节能利废、保温隔热、防火防冻、耐老化的特点。无机保温砂浆材料由纯无机材料制成；耐酸碱、耐腐蚀、不开裂、不脱落、稳定性高，不存在老化问题，与建筑墙体同寿命；无毒、无味、无放射性污染，对环境和人体无害。同时，其大量推广使用可以利用部分工业废渣及低品级建筑材料，具有良好的综合利用环境保护效益。主要用于屋面、墙体保温和热水、空调管道的保温层（图 4-20、图 4-21）。

图 4-20　玻化微珠防火保温砂浆　　　图 4-21　无机玻化微珠

2. 有机保温砂浆

有机保温砂浆是以有机类的轻质保温颗粒作为轻集料，加入胶凝材料、聚合物添加剂及其他填充料等组成的聚合物干粉砂浆。

目前，常用于保温工程中的有机保温砂浆是胶粉聚苯颗粒保温砂浆，其轻质集料是聚苯颗粒，如图 4-22 所示。该材料导热系数低，保温隔热性能好，抗压强度高，粘结力强，附着力强，耐冻融、干燥收缩率小，不易空鼓、开裂；具有极佳的温度稳定性和化学稳定性；施工方便，现场加水搅拌均匀即可施工。其适用多层、高层建筑的钢筋混凝土结构、加气混凝土结构、砌块结构、烧结砖和非烧结砖等外墙保温工程。

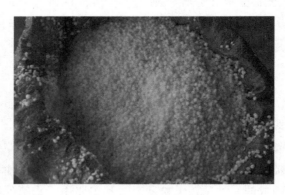

图 4-22　聚苯颗粒

3. 相变保温砂浆

将已经过处理的相变材料掺入抹面砂浆中，即制成相变保温砂浆。相变材料可以用很小的体积储存很多的热能，而且在吸热的过程中保持温度基本不变。当环境温度升高到相变温度以上时，砂浆内的相变材料会由固相向液相转变，吸收热量；把多余的能量储存起来，使室温上升缓慢；当环境温度降低，降低到相变温度以下时，砂浆内的相变材料会由液相向固相转变，释放出热量，保持室内温度适宜。因此，可用作室内的冬季保温和夏季制冷材料，令室内保持良好的热舒适度，通过这种方法可以降低建筑耗能，从而实现建筑节能。相变砂浆的保温隔热原理是使墙体对温度产生热惰性，长时间维持在一定的温度范围，不因环境温度的改变而改变。相变保温砂浆由于其蓄热能力较高，制备工艺简单，越来越受到人们的关注。

3.3.3　吸声砂浆

吸声砂浆与保温砂浆类似，也是采用水泥等胶凝材料和聚苯颗粒、膨胀珍珠岩、膨胀蛭石、陶粒砂等轻质集料，按照一定比例配制的砂浆。由于其集料内部孔隙率大，因此吸声性能也十分优良。吸声砂浆还可以在砂浆中掺入锯末、玻璃纤维、矿物棉等材料拌制而成，主要用于室内吸声墙面和顶面。

3.3.4　耐酸砂浆

耐酸砂浆是以水玻璃与氟硅酸钠为胶凝材料，如图 4-23、图 4-24 所示，加入石英岩、花岗石、铸石等耐酸粉料和细集料拌制并硬化而成的砂浆。耐酸砂浆可用于耐酸地面、耐酸容器基座及与酸接触的结构部位。在某些有酸雨腐蚀的地区，建筑物的外墙装饰也可应用耐酸砂浆，以提高建筑物的耐酸雨腐蚀作用。

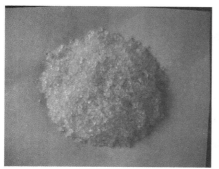

图 4-23　水玻璃　　　　　　　　　　图 4-24　氟硅酸钠

3.3.5　防射线砂浆

在水泥砂浆中掺入重金石粉(图 4-25)、重金石砂,可配制成防 X 射线和 γ 射线能力的防射线砂浆。如在水泥中掺入硼砂(图 4-26)、硼化物等可配制具有防中子射线的砂浆。厚重、气密、不易开裂的砂浆也可阻止地基中土壤或岩石里的氡向室内的迁移或流动。

图 4-25　重金石粉

图 4-26　硼砂

3.4　预拌砂浆

随着建筑业技术进步和文明施工要求的提高,现场拌制砂浆日益显示出其固有的缺陷,如砂浆质量不稳定、材料浪费大、砂浆品种单一、文明施工程度低及污染环境等。因此,取消现场拌制砂浆,采用工业化生产的预拌砂浆势在必行,它是保证建筑工程质量、提高建筑施工现代化水平、实现资源综合利用、减少城市污染、改善大气环境、发展散装水泥、实现可持续发展的一项重要举措。

3.4.1 预拌砂浆的分类

根据砂浆的生产方式，预拌砂浆可分为湿拌砂浆和干混砂浆两大类。

（1）水泥、细集料、矿物掺合料、外加剂、添加剂和水按一定比例在专业生产厂，经计量、搅拌后运至使用地点，并在规定时间内使用的拌合物，称为湿拌砂浆。

（2）胶凝材料、干燥细集料、添加剂及根据性能确定的其他组分，按一定比例在专业生产厂经计量混合而成的干态混合物，在使用地点按规定比例加水或配套组分拌和使用，称为干混砂浆。

3.4.2 预拌砂浆的包装和储存

1. 包装

干混砂浆可采用散装或袋装。

袋装干混砂浆每袋净含量不应少于其标志质量的99%。随机抽取20袋，总质量不应少于标志质量的总和。袋装干混砂浆包装袋上应有标志，标明产品名称、标记、商标、加水量范围、净含量、使用说明、生产日期或批号、贮存条件及保质期、生产单位、地址和电话等。

2. 贮存

干混砂浆在贮存过程中不应受潮和混入杂物。不同品种和规格、型号的干混砂浆应分别贮存，不应混杂。

袋装干混砂浆应贮存在干燥环境中，并应有防雨、防潮、防扬尘措施。在贮存过程中，包装袋不应破损。

袋装干混砌筑砂浆、抹灰砂浆、地面砂浆、普通防水砂浆、自流平砂浆的保质期自生产日起为3个月；其他袋装干混砂浆的保质期自生产日起为6个月；散装干混砂浆的保质期自生产日起为3个月。

》》学习单元4　装饰混凝土

混凝土是由水泥、粗集料（碎石或卵石）、细集料（砂）、外加剂和水拌和，经硬化而成的一种人造石材。砂、石在混凝土中起骨架作用，并抑制水泥的收缩；水泥和水形成水泥浆，包裹在粗、细集料表面并填充集料间的空隙。水泥浆体在硬化前起润滑作用，使混凝土拌合物具有良好的工作性能，硬化后将集料胶结在一起，形成坚强的整体。具有原料丰富、价格低、生产工艺简单、抗压强度高、耐久性好的特点，用于浇筑地面、楼板、梁柱等构造，也可用于成品墙板或粗糙墙面找平，在户外庭院中还可以用于浇筑各种小品、景观、构造等物件，如图4-27所示。

图4-27　混凝土浇筑

装饰混凝土是近年来一种流行于国外的绿色环保材料，通过使用特种水泥、颜料或颜色集料，在一定的工艺条件下制得的混凝土。装饰混凝土既可以在混凝土中掺入适量颜料或采用彩色水泥，使整个混凝土结构或构件具有色彩，又可以只将混凝土的表面部分设计成彩色的。这两种方法各具特点，前者质量较好，但成本较高；后者价格较低，但耐久性较差。装饰混凝土能在原本普通的新旧混凝土的表层，通过色彩、色调、质感、款式、纹理的创意设计，对图案与颜色进行有机组合，创造出各种天然大理石、花岗石、砖、瓦、木地板等铺装效果，具有美观、自然、色彩真实、质地坚固等特点。

装饰混凝土用的水泥强度等级一般为42.5级，细集料应采用粒径小于1 cm的石粉，也可以用洁净的河砂代替。颜料可以用氧化铁或有机颜料，颜料要求分散性好、着色性强。另外，为了提高饰面层的耐磨性、强度及耐候性，还可以在面层混合料中掺入适量的胶粘剂。目前，采用装饰混凝土制作的地面，具有不同的几何、动物、植物、人物图形，产品外形美观、色泽鲜艳、成本低、施工方便。

装饰混凝土可广泛应用于住宅、社区、商业、市政及文娱康乐等各种场合所需的人行道、公园、广场、游乐场、高档小区道路、停车场、庭院、地铁站台、游泳池等处的景观创造，具有极高的安全性和耐用性，如图4-28、图4-29所示。

图 4-28　装饰混凝土地面

图 4-29　装饰混凝土墙面

学习单元5　胶粘剂

胶粘剂是除紧固件外，连接装饰部件的重要装饰材料，因材质及使用部位的力学要求的不同，胶粘剂的选用也存在很大的差别。

胶粘剂，是一种能在两种被结合物体表面形成介质薄膜，使之粘结在一起的液态、膏状或固体、粉末状材料，是建筑装饰中不可缺少的材料之一，胶粘剂的使用在一定程度上避免了钉子、螺钉等连接材料产生的表面孔洞等现象。由于胶粘剂的应用不受被胶接物的形状、材质等限制，胶接后具有良好的密封性，而且胶接方法简便。因此，胶粘剂在建筑上的应用越来越多，品种也日益增加。胶粘剂不但广泛应用于建筑施工及建筑室内外装修，如墙面铺贴壁纸和铺贴墙布、地面地板、吊顶工程、装饰板粘结、镶嵌玻璃等的装修材料粘结，也常用于防水、管道工程密封胶及构件修补等，还可用于生产各种人造复合板，如细木工板、纤维板、铝塑板等复合板材，以及新型建筑材料。

视频：胶粘剂

5.1 胶粘剂的分类与组成

1. 胶粘剂的分类

胶粘剂的品种繁多，组成各异，用途不一。目前，胶粘剂的分类方法很多，一般可从以下几个方面进行分类。

（1）按强度特性分类。按强度特性的不同，胶粘剂可分为结构胶、次结构胶和非结构胶。结构胶可用于能承受荷载或受力结构件的粘结。结构胶对强度、耐热、耐油和耐水等都有较高的要求；非结构胶不承受较大荷载，只起定位作用；介于两者之间的胶粘剂，称为"次结构胶"。

（2）按固化形式分类。按固化形式的不同，胶粘剂可分为水基蒸发型、溶剂挥发型、化学反应型、热熔型和压敏型五类。

1）水基蒸发型胶粘剂有水溶液型（如聚乙烯醇胶水）和水乳型（如聚醋酸乙烯乳液）两种类型。

2）溶剂挥发型胶粘剂中的溶剂从粘合端面挥发或被粘物自身吸收，形成粘合膜而发挥粘合力，是一种纯粹的物理可逆过程。固化速度随着环境的温度、湿度、被粘物的疏松程度、含水量及粘合面的大小、加压方法而变化。这种类型的胶粘剂有环氧树脂、聚苯乙烯、丁苯等。

3）化学反应型胶粘剂的固化是由不可逆的化学变化而引起的，按照配方及固化条件，可分为单组分、双组分甚至三组分等的室温固化型、加热固化型等多种形式。这类胶粘剂有酚醛、聚氨酯、硅橡胶等。

4）热熔型胶粘剂以热塑性的高聚物为主要成分，是不含水或溶剂的固体聚合物。通过加热熔融粘合，随后冷却、固化，发挥动合力。这一类型的胶粘剂有醋酸乙烯、丁基橡胶、松香、虫胶、石蜡等。

5）压敏型胶粘剂是一类不固化、长期可黏的胶粘剂，受指压即可粘结，俗称不干胶。

（3）按主要成分分类。以无机化合物为主要成分制成的胶粘剂称为无机胶粘剂。无机胶粘剂有硅酸盐类、铝酸盐类、磷酸盐类、硫酸盐类等。这类胶粘剂有较高的耐热性和耐老化性，但脆性大、韧性较差，使用的接头形式宜采用轴套或槽榫样结构，以尽量避免弯曲、剥离等应力。这类胶粘剂广泛地用于工具、刀具和机械设备制造及维修方面。

以天然或合成聚合物为主要成分的胶粘剂称为有机胶粘剂。有机胶粘剂可分为天然与合成两大类。

1）天然胶粘剂来源丰富，价格低，毒性低，但耐水、耐潮和耐微生物作用较差。在家具、书籍、包装、木材综合加工和工艺品制造中有广泛的应用。

2）合成胶粘剂一般有良好的电绝缘性、隔热性、抗震性、耐腐蚀性、耐微生物作用和较好的粘合强度，而且能针对不同用途要求来配制不同的胶粘剂。合成胶粘剂品种多，是胶粘剂的主要部分。

（4）按外观状态分类。按外观状态分类，胶粘剂可分为溶液类、乳液类、膏糊类、粉末状类、膜状类和固体类等。

2. 胶粘剂的组成

胶粘剂通常是由粘结物质、固化剂、增塑剂、稀释剂及填充料等原料经配制而成的。它的粘结性能主要取决于粘结物质的特性。不同种类的胶粘剂粘结强度和适应条件是各不同的。

(1)粘结物质。粘结物质是胶粘剂中的主要组分，又称粘料、基料，起粘结两物体的作用。一般建筑工程中常用的有热固性树脂、热塑性树脂、橡胶类及天然高分子化合物等。

(2)固化剂。固化剂是促使粘结物质进行化学反应，加快胶粘剂固化的一种试剂。如胺类固化剂等。

(3)增塑剂。增塑剂是为了改善粘结层的韧性，提高其抗冲击强度的一种试剂。常用的主要有邻苯二甲酸、二丁酯和邻苯二甲酸二辛酯等。

(4)稀释剂。稀释剂又称"溶剂"，主要对胶粘剂起稀释、分散和降低强度的作用。常用的有机溶剂有丙酮、甲乙酮、苯、甲苯等。

(5)填料。填料能使胶粘剂的稠度增加，降低热膨胀系数，减少收缩性，提高胶层的抗冲击韧性和机械强度。常用的品种有滑石粉、石棉粉、铅粉等。

除此之外，为了改善胶粘剂的性能，还可分别加入防腐剂、防霉剂、阻聚剂及稳定剂等。

5.2 胶粘剂的主要性能

(1)工艺性。胶粘剂的工艺性是指有关胶粘剂粘结方面的性能，如胶粘剂的调制、涂胶、晾置、固化条件等。工艺性是对胶粘剂粘结操作难易程度的总评。

(2)粘结强度。粘结强度是检验胶粘剂粘结性能的主要指标，是指两种材料在胶粘剂的粘结作用下，经过一定条件变化后能达到使用要求强度且不脱落的性能。胶粘剂的品种不同，粘结的对象不同，其粘结强度的表现也就不同。通常情况下，结构型胶粘剂的强度最高，次结构型胶粘剂其次，非结构型胶粘剂最低。

(3)稳定性。粘结试件在指定介质一定温度下浸渍一段时间后的强度变化，称为胶粘剂的稳定性，可用实测强度或强度保持率来表示。

(4)耐久性。胶粘剂所形成的粘结层会随着时间的推移逐渐老化，直至失去粘结强度，胶粘剂的这种性能称为耐久性。

(5)耐温性。耐温性是指胶粘剂在规定温度范围内的性能变化情况，包括耐寒性、耐热性、耐高低温交变性等。

(6)耐候性。用胶粘剂粘结的构件暴露在室外时，粘结层抵抗雨水、风雪及温度、湿度等自然气候的性能，称为耐候性。耐候性也是粘结件在自然条件长期而复杂的作用下，粘结性能耐老化性能的一种表现。

(7)耐化学性。大多数合成树脂胶粘剂及某些天然树脂胶粘剂，在化学介质的影响下会发生溶解、膨胀、老化或腐蚀等不同的变化，胶粘剂在一定程度上抵抗化学作用的性能，称为胶粘剂的耐化学性。

5.3 常用建筑胶粘剂

胶粘剂的种类很多，目前经常使用的胶粘剂主要有酚醛树脂类胶粘剂、环氧树脂类胶粘剂、聚醋酸乙烯酯类胶粘剂、聚乙烯醇缩甲醛胶粘剂、聚氨酯类胶粘剂和橡胶类胶粘剂六大类。

1. 酚醛树脂类胶粘剂

酚醛树脂类胶粘剂是以酚醛树脂为主要成分的胶粘剂。其品种的性能和用途见表 4-5。

表 4-5　酚醛树脂类胶粘剂品种的性能和用途

品种	性能特点	用途
酚醛树脂胶粘剂	强度高、耐热性较好，但胶层较脆硬	主要用于木材、纤维板、胶合板、硬质泡沫塑料等多孔性材料的粘结
酚醛—缩醛胶粘剂	耐低温，耐疲劳，使用寿命长，耐气候老化性极好，韧性优良，但长期使用温度最高只能为 120 ℃	主要用于粘结金属、玻璃、纤维、塑料和其他非金属材料制品
酚醛—丁腈胶粘剂	高强、坚韧、耐热、耐寒、耐气候老化、使用温度（−55 ℃～260 ℃）	主要用于粘结金属、玻璃、纤维、木材、皮革、PVC、尼龙、酚醛塑料、丁腈橡胶等
酚醛—氯丁胶粘剂	固化速度快、无毒、胶膜柔韧、耐老化等	主要用于皮革、橡胶、泡沫塑料、纸张等材料的粘结
酚醛—环氧胶粘剂	耐高温、高强、耐热、电绝缘性能好	主要用于金属、陶瓷和玻璃钢的粘结

2. 环氧树脂类胶粘剂

环氧树酯类胶粘剂是以环氧树脂为主要原料，掺加适量固化剂、增塑剂、填料、稀释剂等辅料配制而成。环氧树酯类胶粘剂具有粘结强度高、收缩率小、耐腐蚀、电绝缘性好、耐水、耐油等特点，可在常温、低温和高温等条件下固化，是目前应用最多的胶粘剂之一。环氧树酯类胶粘剂除对聚乙烯、聚四氟乙烯、硅树脂、硅橡胶等少数几种塑料胶结性较差外，对于铁制品、玻璃、陶瓷、木材、塑料、皮革、水泥制品、纤维材料等都具有良好的粘结能力。在粘结混凝土方面，其性能远远超过其他胶粘剂。

3. 聚醋酸乙烯酯类胶粘剂

聚醋酸乙烯酯类胶粘剂是由醋酸乙烯单体经聚合反应而得到的一种热塑性胶，可分为溶液型和乳液型两种。它们具有常温固化快、粘结强度高、粘结层的韧性和耐久性好，不易老化，无毒、无味、无臭，不易燃爆，价格低、使用方便等特点，但耐热性和耐水性较差，只能作为室温下使用的非结构胶，可用于粘结墙纸、水泥增强剂、木材的胶粘剂。

4. 聚乙烯醇缩甲醛胶粘剂

聚乙烯醇缩甲醛胶粘剂是由聚乙烯醇和甲醛为主要原料，加入少量盐酸、氢氧化钠和水，在一定条件下缩聚而成。这类胶粘剂耐水性、耐老化性差，但成本低，是在装修工程中广泛使用的胶粘剂。

5. 橡胶类胶粘剂

（1）氯丁橡胶胶粘剂。氯丁橡胶胶粘剂是以氯丁橡胶（CR）为基料，加入氧化锌、氧化镁、抗老化剂、抗氧化剂等辅料组成的，对水、油、弱酸、弱碱、脂肪烃和醇类都具有良好的抵抗力，可在$-50\ ℃\sim+80\ ℃$的温度下工作，但具有徐变性且易老化。为改善其性能常掺入油溶性的酚醛树脂，配制成氯丁酚醛胶。氯丁酚醛胶粘剂可在室温下固化，常用于粘结各种金属和非金属材料，如钢、铝、铜、玻璃、陶瓷、混凝土及塑料制品等。

（2）丁腈橡胶胶粘剂。丁腈橡胶胶粘剂是以丁腈橡胶（NBR）为基料，加入填料和助剂等原料组成的。丁腈橡胶胶粘剂的最大优点是耐油性好、剥离强度高、对脂肪烃和非氧化性酸具有良好的抵抗力。为获得很好的强度和弹性，可将丁腈橡胶与其他树脂混合使用。丁腈橡胶胶粘剂主要用于粘结橡胶制品及橡胶制品与金属、织物、木材等的粘结。

5.4　胶粘剂的选用

各类胶粘剂选用方法（按相粘材料）见表 4-6。

表 4-6　按相粘材料选用胶粘剂

相粘材料名称 / 胶粘剂品种	酚醛	酚醛缩醛	酚醛聚酰胺	酚醛丁腈橡胶	酚醛丁腈橡胶	环氧树脂	环氧聚酰胺	过氧乙烯	聚酯树脂	聚氨酯	聚酰胺	聚醋酸乙烯酯	聚乙烯醇	聚烯酸酯	氰基丙烯酸酯	天然橡胶	丁苯橡胶	氯丁橡胶	丁腈橡胶	备注
纸-纸												O						O		
织物-织物											O	O					O	O		
织物-纸												O						O		
皮革-皮革											O					O	O	O	O	
皮革-织物											O					O				
皮革-纸																O				
木材-木材	O			O	O				O			O								
木材-皮革												O				O				O 为可以选用
木材-织物											O					O				
木材-纸			O										O			O				
尼龙-尼龙		O		O		O				O	O									
尼龙-木材				O																
尼龙-皮革				O							O									
尼龙-织物				O		O					O								O	
尼龙-纸				O							O									
ABS-ABS				O	O										O					
ABS-尼龙				O																

151

相粘材料名称／胶粘剂品种	酚醛	酚醛缩醛	酚醛聚酰胺	酚醛丁腈橡胶	酚醛丁腈橡胶	环氧树脂	环氧聚酰胺	过氧乙烯	聚酯树脂	聚氨胺	聚酰胺	聚醋酸乙烯酯	聚乙烯醇	聚烯酸酯	氰基丙烯酸酯	天然橡胶	丁苯橡胶	氯丁橡胶	丁腈橡胶	备注
ABS-木材				O	O															O 为可以选用
ABS-皮革				O	O															
ABS-织物				O	O															
ABS-纸				O	O	O						O								
玻璃钢-玻璃钢					O	O			O											
玻璃钢-ABS					O	O														
玻璃钢-尼龙					O		O													
玻璃钢-木材					O	O														
玻璃钢-皮革					O	O														
玻璃钢-织物					O	O						O								
玻璃钢-纸					O	O						O								
PVC-PVC					O			O												
PVC-玻璃钢					O		O													
PVC-ABS				O	O															
PVC-尼龙					O		O													
PVC-木材					O							O								
PVC-皮革					O							O								
PVC-织物					O							O								
PVC-纸					O							O								
橡胶-橡胶				O	O					O						O	O			

相粘材料名称＼胶粘剂品种	酚醛	酚醛缩醛	酚醛聚酰胺	酚醛丁腈橡胶	酚醛丁腈橡胶	环氧树脂	环氧聚酰胺	过氧乙烯	聚酯树脂	聚氨酯	聚酰胺	聚醋酸乙烯酯	聚乙烯醇	聚烯酸酯	氰基丙烯酸酯	天然橡胶	丁苯橡胶	氯丁橡胶	丁腈橡胶	备注
橡胶-PVC				O	O															
橡胶-玻璃钢					O	O				O									O	
橡胶-ABS				O	O					O										
橡胶-尼龙				O																
橡胶-木材	O			O						O						O	O			
橡胶-皮革				O						O						O	O	O		
橡胶-织物										O						O	O			
橡胶-纸																O				
玻璃陶瓷-玻璃陶瓷		O		O	O	O				O				O						
玻璃陶瓷-橡胶			O	O						O						O	O			
玻璃陶瓷-PVC				O				O												
玻璃陶瓷-玻璃钢	O							O												O为可以选用
玻璃陶瓷-ABS				O	O	O														
玻璃陶瓷-尼龙							O				O									
玻璃陶瓷-木材	O			O		O			O			O		O						
玻璃陶瓷-皮革						O			O			O						O		
玻璃陶瓷-织物									O			O						O		
金属-金属	O	O			O									O	O					

153

相粘材料名称 胶粘剂品种	酚醛	酚醛缩醛	酚醛聚酰胺	酚醛丁腈橡胶	酚醛丁腈橡胶	环氧树脂	环氧聚酰胺	过氧乙烯	聚酯树脂	聚氨酯	聚酰胺	聚醋酸乙烯酯	聚乙烯醇	聚烯酸酯	氰基丙烯酸酯	天然橡胶	丁苯橡胶	氯丁橡胶	丁腈橡胶	备注
金属-玻璃陶瓷	O	O	O			O					O									O 为可以选用
金属-橡胶	O		O	O		O					O					O	O			
金属-PVC					O	O		O												

模块小结

本模块讲述了常见胶凝材料、以胶凝材料为原材料的建筑砂浆和混凝土及常用胶粘剂的种类、性能、规格使用范围，要求学生掌握水泥、建筑砂浆、混凝土、胶粘剂的特性，并能根据不同装饰效果和功能要求合理选择建筑装饰材料。

思考与练习

(1)什么样的水泥是废品？什么样的水泥是不合格品？

(2)建筑石膏的特性有哪些？

(3)根据抹面砂浆功能的不同，抹面砂浆可分为哪几种？

(4)预拌砂浆的优点有哪些？

(5)胶粘剂的主要性能有哪些？木材和木材粘结选用什么胶粘剂？

实训任务

请到当地装饰材料市场进行建筑用胶粘剂的市场调研。

任务：调查装饰材料市场主要销售哪些建筑用胶粘剂？并任意选择其中三种，调查其价格、规格、特点、品牌及生产厂家信息。

要求：3～5人为一个小组开展调研活动，任务完成后，以小组为单位提交一份调研过程记录(附照片记录)及调研报告，同时结合本次内容及调研情况，对比不同建筑用胶粘剂各自的特点，探讨如何合理选用。

模块五　其他装饰材料及辅料

教学目标

知识目标	掌握吸声、保温及防水材料的特点与作用原理；了解建筑装饰工程水电管线的品种类型；了解各类灯具、卫生洁具及装饰五金的类型
技能目标	能根据实际情况将吸声、保温及防水材料应用到建筑装饰设计工程中；了解建筑装饰工程水电管线的工程应用；了解各类灯具、卫生洁具及装饰五金的安装注意事项，并能根据不同装饰效果和功能要求合理选择适合的装饰材料及辅料
素养目标	无论是设计、用材到施工，都要严谨、一丝不苟，做到精益求精；按照验收标准严格要求，坚守职业道德观，讲诚信守规矩

学习单元 1　功能性材料

吸声材料、保温材料和防水材料都是功能性材料的重要品种。有效地运用吸声、隔声材料，可以有效地减少噪声污染、保持室内良好的环境。保温材料和绝热材料的应用可以提高人们的生活质量，是节约能源的重要组成部分。防水材料的使用对于加强建筑的安全性和使用性有着重要的作用。

1.1　吸声材料

吸声材料是一种能在一定程度上吸收空气传递的声波能量的建筑材料。建筑声学材料通常可分为吸声材料和隔声材料。

1.1.1　吸声材料原理

一般认为，吸声系数大于 0.2 的材料可以被称为吸声材料。在音乐厅、电影院、大会堂、播音室及噪声大的工厂车间等内部空间，为了改善声波在室内传播的质量，保证良好的音响效果和减少噪声的危害，通常会在顶棚、墙面、地面等部位选用适当的吸声材料。

物体因振动而发声，通过介质的共振产生声波从而得以传播。

视频：吸声
材料原理

声在室外传播时，一部分会逐渐扩散；另一部分因空气分子的吸收而削弱。在室内空间，材料表面对声能的吸收影响更大。当声波遇到材料表面，一部分会被反射；另一部分会穿透材料，其余部分传递给材料本身的空隙中，从声能转化为热能而被吸收。

1.1.2　影响材料吸声能力的因素

任何材料都有一定的吸声能力，只是吸声能力的大小不同而已。一般来说，坚硬、光滑、结构紧密和相对来说比较重的材料吸声能力差，反射声音的能力强，如水磨石、大理石、混凝土等；而粗糙松软、具有互相贯穿内外微孔的多孔材料吸声性能好，反射能力差，如矿棉、动物纤维、泡沫塑料、木丝板等。

材料的吸声性与材料的孔隙特征、厚度、布置位置及表观密度均有关。

（1）材料的孔隙率及孔隙特征。多孔吸声材料都具有很大的孔隙率，孔隙越多、越细小，而且为开放型孔隙时，材料的吸声效果越好。通常，判断材料是否为吸声材料，主要是观察材料（结构）是否具有多孔及粗糙的特性。

（2）材料的厚度。增加多孔材料厚度，可提高材料吸声系数。吸低频声效果提高，而吸高频声效果变化不大。

（3）材料的布置。吸声材料与板后空气层的组合布置，可以构成共振吸声结构，相当于增加了材料的有效厚度，特别是改善了对低频的吸收，它比增加材料的厚度来提高低频的吸声效果更有效。

（4）材料的表观密度。通常同种材料的表观密度增大时，对低频声效果提高，而对高频声效果降低。

1.1.3　隔声材料

能够减弱或隔断声波传递的材料称为隔声材料。人们要隔绝的声音按其传播途径可分为空气声（由于空气的振动传播）和固体声（由于固体撞击或振动传播）两种。

（1）隔绝空气声，主要是依据材料的密度越大，越不易受声波作用而产生振动的声学"质量定律"。因此，当声波通过材料传递的速度迅速减弱，其隔声效果越好，故应选择密实、沉重的材料（如钢板、钢筋混凝土等）作为隔声材料。

（2）隔绝固体声，断绝其声波继续传递的途径是最有效的措施，即在产生和传递固体声波的结构（如梁、框架与楼板、隔墙及它们的交接处等）层中加入具有一定弹性的衬垫材料，如软木、毛毡、地毯、橡胶或设置空气隔离层等。

1.1.4　常用吸声材料

常用吸声材料按其原理，可分为多孔结构吸声材料、共振吸声结构吸声材料及空间吸声体吸声材料等。

视频：吸声材料和隔声材料有哪些不同？

1. 多孔结构吸声材料

多孔结构吸声材料是最常用的吸声材料，从表到里都具有大量内外连通的微小间隙和连续气泡，具有一定的通气性。

多孔结构吸声材料常见的类型有纤维材料、颗粒材料及泡沫材料等。纤维材料包括有机纤维材料（如动植物纤维）、无机纤维材料（如玻璃纤维、矿渣棉等）及纤维材料制品；颗粒材料包括砌块（如矿渣吸声砖、陶土吸声砖等）、板材（膨胀珍珠岩吸声装饰板）、泡沫塑料等；泡沫材料有泡沫玻璃、加气混凝土等。

2. 共振吸声结构吸声材料

薄膜、薄板共振吸声材料结构是将皮革、人造革、塑料薄膜等材料固定在框架上，并在背后留有一定的空气层，构成薄膜共振吸声结构。材料柔软且不透气，受到拉力时有弹性。

共振吸声结构中间封闭有一定体积的空腔，并通过有一定深度的小孔与声场联系。

3. 空间吸声体吸声材料

空间吸声体是一种悬挂于室内的吸声结构，不与顶棚、墙体等壁面组成吸声结构。

1.2 绝热材料

视频：隔热
材料原理

在建筑中，保温即防止室内热量的散失，而隔热是防止外部热量的进入。保温材料与隔热材料统称为绝热材料。绝热材料是指对热流具有显著阻抗性的材料或材料复合体，且热导率低于 0.175 W/(m·K) 的材料。绝热材料在调整建筑空间热环境和节约建筑物能耗上有着重要的作用。因此，在需要采暖、制冷等建筑物中采用必要的绝热材料，能够减少热量损失，节约能源，降低成本。

1.2.1 绝热材料基本性能

当两种材料间存在温度差时，会产生热的传递现象。热能将由温度较高的材料传递至温度较低的材料。所以，把材料传递热量的性质称为导热性。衡量材料绝热性能的主要指标是导热性。

材料导热性的大小用热导率表示，热导率越小，通过材料传送的热量就越少，绝热性能也会越好。通常保温绝热性能良好的材料，孔隙率也会较大。

绝热材料从潮湿环境中吸收水分的能力决定其绝热能力的稳定性，吸湿性增大，热导率也会进一步增加，绝热效果也会变差。因此，绝热材料在应用中须注意防水避潮。

1.2.2 绝热材料分类

绝热材料按化学成分，可分为有机绝热材料、无机绝热材料及复合绝热材料。

1. 有机绝热材料

有机绝热材料是采用有机原材料制成，如各种植物纤维、树脂等。有机绝热材料的吸湿性较大，耐久度不高，且不耐高温。常用的有机绝热材料有泡沫塑料、植物纤维类绝热板等。其密度一般小于无机绝热材料。

(1)泡沫塑料是以合成树脂为基料，加入一定剂量的发泡剂、催化剂、稳定剂等辅助材料经加热发泡而制成的轻质保温、防震材料。目前，泡沫塑料广泛用作建筑上的保温隔热材料，其表观密度很小，隔声性能好，适用工业厂房的屋面、墙面、冷藏库设备及管道的保温隔热、防湿防潮工程。目前，我国生产的泡沫塑料产品主要有聚苯乙烯泡沫塑料(图 5-1)、聚氯乙烯泡沫塑料、聚氨酯泡沫塑料和脲醛树脂泡沫塑料。今后随着这类材料性能的改善，将向着高效、多功能方向发展。

(2)植物纤维板(图 5-2)是由植物纤维为主要材料加入胶结料和填料制成的一种轻质、吸声的保温材料，如木丝板、甘蔗板等。纤维板在建筑上用途广泛，可用于墙壁、地板、屋顶等。

图 5-1　聚苯乙烯泡沫塑料　　　　　图 5-2　植物纤维板

2. 无机绝热材料

无机绝热材料主要以矿物质为原料制成，其构造通常以纤维状、颗粒状和多孔状居多。无机绝热材料的表观密度大、防蛀、不易燃、耐高温。常用的无机绝热材料有岩（矿）棉及其制品、玻璃棉及制品、膨胀蛭石及其制品等。

（1）岩（矿）棉及其制品。岩棉和矿渣棉统称为矿棉。岩棉是由玄武岩、火山岩等矿物在冲天炉或电炉中熔化后，用压缩空气喷吹法或离心法制成的；矿渣棉是以工业废料矿渣为主要原料，熔化后用高速离心法或压缩空气喷吹法制成的一种棉丝状的纤维材料。矿棉具有质轻、不燃、绝热和电绝缘等性能，且原料来源广、成本低，可制成矿棉板、矿棉保温带、矿棉管壳等，主要用于建筑保温（包括墙体、屋面和地面保温等）。

（2）玻璃棉及其制品。玻璃棉（图 5-3）是玻璃纤维的一种，是用玻璃原料或碎玻璃经熔融后制成的纤维状材料。玻璃棉不仅具有无机矿棉绝热材料的优点，而且还可以生产效能更高的超细棉。其价格与矿棉相近，可制成沥青玻璃棉毡、板及酚醛玻璃棉毡、板等制品，可用于温度较低的热力设备和房屋建筑中的保温。同时，它还是良好的吸声材料。

（3）膨胀蛭石及其制品。膨胀蛭石（图 5-4）是由天然矿物蛭石经烘干、破碎、焙烧，在短时间内体积急剧膨胀而成的一种金黄色或灰白色的颗粒状材料，具有表观密度小、导热系数低、防火、防腐、化学性能稳定、无毒无味等特点，是一种优良的保温隔热材料。

图 5-3　玻璃棉　　　　　　　　图 5-4　膨胀蛭石

3. 复合绝热材料

复合绝热材料是由无机与有机、金属与非金属等材料的优势互补结合利用，从而衍生出能够改善其性能的复合绝热材料。

1.3 防水材料

能防止雨水、地下水、空气中的湿气和一些侵蚀性的液体对建筑物或各种构筑物渗漏与侵蚀的材料，统称为防水材料。常用的防水材料主要是沥青及其制品。各类高分子材料的应用，使防水材料的种类更多，性能更优，适应性更广，增加了使用的选择范围。此模块内容以装修用防水材料为主进行介绍。根据各类建筑防水材料的特性和施工工艺，可将防水材料分为防水卷材、防水涂料、刚性防水材料、瓷砖铺贴填缝材料等。

1.3.1 防水卷材

1. 沥青防水卷材

目前，工程中最常用的沥青防水卷材有浸渍卷材和辊压卷材两种。用纸或玻璃布、石棉布、棉麻织品等胎料浸渍石油沥青（或煤沥青）制成的卷状材料，称为浸渍卷材（有胎卷材）；将石棉、橡胶粉等掺入沥青材料，经碾压制成的卷状材料，称为辊压卷材（无胎卷材），如图 5-5 所示。其可用于屋面和地下室防水工程。

（a）　　　　　　　　　　　　（b）

图 5-5　沥青防水卷材
（a）有胎卷材；（b）无胎卷材

2. 合成高分子防水卷材

以合成橡胶、合成树脂或两者共混体为基料，加入适量化学助剂和填充料，经一定工艺制成的防水卷材，称为合成高分子防水卷材。这种卷材具有拉伸强度高、断裂伸长率大、抗撕裂强度高、耐热性能好、低温柔性好、耐腐蚀、耐老化及可冷施工等优越的性能。

（1）橡胶基防水卷材。橡胶基防水卷材以橡胶为主体原料，加入各种助剂，经一定工序而制成。其主要品种有三元乙丙橡胶防水卷材、氯丁橡胶防水卷材、DPT/R 防水卷材（以三元乙丙橡胶与丁基橡胶为主要原料制成的弹性防水卷材）、丁基橡胶防水卷材、自粘型彩色三元乙丙复合防水卷材和再生橡胶防水卷材等。

（2）树脂基防水卷材。聚氯乙烯（PVC）防水卷材是以聚氯乙烯树脂为基料，掺入一定量助剂和填充料而制成的柔性卷材。氯化聚乙烯（CPE）防水卷材的主体材料为氯化聚乙烯树脂，经氯改性后的氯化聚乙烯，其耐候性、耐热老化性明显提高，物理力学性能明显改善，阻燃性也有所提高。

（3）橡塑共混基防水卷材。橡塑共混基防水卷材兼有塑料和橡胶的优点，弹、塑性好，耐低温性能优异。其主要品种有氯化聚乙烯—橡胶共混型防水卷材、聚氯乙烯—橡胶共混型防水卷材，可采用多种胶粘剂粘贴，冷施工操作简单。

3. 高聚物改性沥青防水卷材

高聚物改性沥青防水卷材是采用高聚物对沥青进行改性后，使沥青的各种性能得到较大改善，并以改性后的沥青涂覆防水层而制成的。

高分子聚合物对沥青的改性作用，能够提高沥青的软化点，增加了其低温流动性，使感温性得到改善。并且此改性作用增加了沥青的弹性，提高了其可逆变形能力，提高了耐老化性，较大限度地延长了沥青的使用寿命。高聚物改性沥青防水卷材具有高温不流淌、低温不脆裂、弹性好等特点，各项性能指标均比普通沥青防水卷材更好。

高聚物改性沥青防水卷材具有诸多优点，而且沥青价格低廉，虽经改性，但成本并不会提高很多，而且性能却得到了大幅度提升。因此，高聚物改性沥青防水卷材在各种防水工程中得到广泛推广和使用，其产量也高居各类防水卷材之首。

通常用于对沥青改性的高分子聚合物有天然橡胶、丁苯橡胶、乙丙橡胶、氯丁橡胶、无规聚丙烯（APP）、苯乙烯-丁二烯共聚物（SBS）等。

1.3.2 防水涂料

防水涂料是在常温下呈无固定形状的黏稠状液态高分子合成材料，经涂布后，通过溶剂的挥发或水分的蒸发或反应固化后在基层表面可形成坚韧的防水膜的材料的总称。

1. 高聚物改性沥青防水涂料

高聚物改性沥青防水涂料一般是采用合成橡胶、再生橡胶或树脂对沥青进行改性而制成的水乳型或溶剂型防水涂料。通过高聚物对沥青进行改性，从而使改性后的涂料具有高温不流淌、低温不脆裂、耐老化性好的特点，并使其延伸率和粘结力得到改善。

高聚物改性沥青防水涂料一般具有良好的耐候性（耐高、低温和酸碱），对施工基面的含水率要求不高，且施工简单，可用于屋面、天沟和室内的建筑防水工程。

2. 合成高分子防水涂料

合成高分子防水涂料是以合成橡胶或合成树脂等高分子聚合物为成膜物质制成的单组分或双组分防水涂料，一般具有良好的延伸性和耐候性，防水性能优异，得到了广泛的使用。

比较常用的合成高分子防水涂料主要有聚氨酯防水涂料、聚合物乳液防水涂料、有机硅防水涂料、聚合物水泥防水涂料等。

1.3.3 刚性防水材料

刚性防水材料是指以水泥、砂石为原材料，或其中掺入少量外加剂、高分子聚合物等材料，通过调整配合比、抑制或减小孔隙率、改变孔隙特征，增加各原材料界面之间的密实性等方法，配制成具有一定抗渗透能力的水泥砂浆混凝土类防水材料。

1.3.4 瓷砖铺贴填缝材料

瓷砖铺贴填缝材料即用于墙地面瓷砖铺贴和瓷砖填缝的装饰材料，主要可分为水泥基和树脂基两类。

（1）水泥基填缝材料：以水泥为主要原料的填缝材料，属于粉质物，需要胶粘剂和水才能使用，主要有白水泥和勾缝剂两种。白水泥防水耐污性差，容易发黑；勾缝剂防污性能比白水泥强一些，白度在86%左右。勾缝剂是不防水的，特别是厨房、卫生间这样用水比较多的地方，更容易发霉、发黑、发黄，所以不建议用在厨房、卫生间这样潮湿的地方。

（2）树脂基填缝材料：以环氧树脂为主要原料的填缝材料，是胶状的填缝材料，由于流动胶的物理特性，树脂基能更契合地填满缝隙。其防水防霉性能更好，在厨房、卫生间等潮湿空间也能发挥作用，且表面光洁。树脂基填缝剂又可分为单组分和双组分两种类型。

美缝剂就是单组分树脂基填缝剂，只用一根管子储存，像牙膏一样挤出来就能使用。美缝剂韧性虽高但是硬度较低，固化后水分挥发容易出现塌陷情况。晾干后，填缝部分一般比瓷砖平面稍低，容易藏污纳垢。

瓷缝剂和真瓷胶都是双组分树脂基填缝剂，属于美缝剂的升级版。瓷缝剂的环氧树脂和固化剂是分开两管储存的，使用时按1:1混合使用，配合比更准确。材料硬化后是比较坚硬的，不会出现塌陷凹槽的情况，不会发黑、发霉，且比较耐磨，颜色多样，但如果在经常有阳光照射的地方或安装地暖的情况下，会出现老化变硬的情况，影响使用寿命（图5-6）。

图5-6　树脂基填缝材料

学习单元2　管线材料

2.1　水路管材

常见的水路管材有PVC管、PP-R管、铝塑复合管等。

2.1.1　PVC管

1. PVC管的定义及种类

PVC管全称为聚氯乙烯管，是由聚氯乙烯树脂加入各种添加剂制成的热塑性塑料管，具有质量轻，内壁光滑，流体阻力小，耐腐蚀性好，价格低等优点，属难燃材料。可部分取代铸铁管，也可用于电线穿管护套。其连接方式有承插、粘结、螺纹等。PVC管有圆形、方形、矩形、半圆形等，以圆形为例，直径从10～250 mm不等（图5-7）。

图 5-7 PVC 管材

目前，工程中常用 PVC 水路管材型如下：

（1）PVC-U 型管道。PVC-U 型管道即硬聚氯乙烯管道，适用水温不大于 45 ℃，工作压力不大于 0.6 MPa 的排水管道。此管抗老化性好。管道采取橡胶圈承插连接的柔性连接方式。

（2）PVC-C 型管道。PVC-C 型管道即氯化聚氯乙烯管道，此管在除具有 PVC-U 型管道的特性外，耐热能力大大提高，可输送 90 ℃ 左右的生活用水。管体热胀系数低，机械强度高，但连接胶水有毒性。

2. PVC 管的识别与选购

PVC 管中含铅，一般用于排水管，不能用作给水管，在施工时，要注意使用胶水密封好接缝。

选购 PVC 管时要注意管材上标明的执行标准是否为相应的国家标准，尽量选购国家标准产品。优质管材外观应平滑、平整、无起泡，色泽均匀一致，无杂质，壁厚均匀。管材有足够的刚性，用手挤压管材，不易产生变形，直径为 50 mm 的管材，壁厚需要有 2.0 mm 以上。

2.1.2　PP-R 管

1. PP-R 管的定义及种类

PP-R 管又称无规共聚聚丙烯管，是经挤出成型，注塑而成的新型管件，在室内外装饰工程中可取代传统的镀锌钢管，是一种绿色环保管材（图 5-8）。

PP-R 管具有质量轻、耐腐蚀、不结垢、保温节能、有较好的抗冲击性能和长期蠕变性能等特点，使用寿命可达 50 年以上。PP-R 管的软化点为 131.5 ℃。最高工作温度可达 95 ℃。PP-R 的原料分子只有碳、氢元素，没有有毒害元素存在，卫生、可靠。此外，PP-R 管物料还可以回收利用，PP-R 废料经清洁、破碎后可回收利用。

图 5-8　PP-R 管

PP-R 管管长为 4 m，PP-R 管的管径可以从 16～160 mm 不等，并配套各种接头，是一种性价比很高的管材。市面上销售的 PP-R 管主要有白色、绿色和灰色三种颜色。通常，白色和绿色为材质较好的精品 PP-R 管；灰色则为早期材质略差的普通管。

近年来，随着市场的需求，在 PP-R 管的基础上又开发出铜塑复合 PP-R 管、铝塑复合 PP-R 管、不锈钢复合 PP-R 管等，进一步增大了 PP-R 管的强度，提高了管材的耐用性。

2. PP-R 管的应用

PP-R 管在安装时采用热熔工艺。热熔工具如图 5-9 所示，可做到无缝焊接，也可直接埋入墙内。PP-R 管不仅用于冷热水管道，包括采暖系统、中央空调系统；还可用于纯净饮用水系统甚至是做排放化学介质的工业管道。在建筑管网改造中，它是最为理想的一种材料(图 5-10)。

图 5-9　PP-R 管热熔工具　　　　图 5-10　PP-R 管实际工程应用

2.1.3　铝塑复合管

1. 铝塑复合管的定义

铝塑复合管即 PE-AL-PE 管(图 5-11)，是一种新型管材。采用物理复合和化学复合的方法，将聚乙烯处于高温熔融状态，铝管处于加热状态，在铝和聚乙烯之间再加入一层胶粘剂，形成聚乙烯、胶粘剂、铝管、胶粘剂、聚乙烯五层结构。五层材料通过高温、高压融合成一体，充分体现了金属材料与塑料的各自优点，并弥补了各自的不足。

 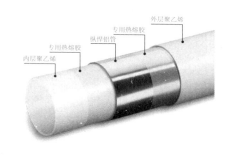

图 5-11　铝塑复合管及其构造

2. 铝塑复合管的优、缺点

铝塑复合管的优点是防老化性能好，冷脆温度低，膨胀系数小，防紫外线，耐温较高，可以长期在 95 ℃温度以下范围中使用，平均使用寿命在 50 年以上。管道尺寸稳定，清洁无毒、平滑、流量大，而且具有一定的弹性，能有效减弱供水中的水锤现象，以及流体压力产生的冲击和噪声。

铝塑复合管的缺点是不能熔接和粘接，必须使用专用的金属管件连接。铝塑复合管套入管件后径向加压锁住，不能回收重做，管材的直径范围限于较小的尺寸。目前，国内生产的最大直径是 62 mm，铝塑复合管生产的工艺和设备比较复杂，成本难以降低，价格也较其他管材高。

3. 铝塑复合管尺寸规格

铝塑复合管尺寸规格常用有 1520、2025、2532、3240、4050、5063 等。前两位数代表管内径，后两位数代表管外径，见表 5-1，单位为 mm。管的长度有 50 m、100 m、200 m 等。

表 5-1　铝塑复合管规格种类表

尺寸规格	内部直径/mm	尺寸规格	内部直径/mm
1520	15	2025	20
2532	25	3240	32
4050	40	5063	50

4. 铝塑复合管的应用

铝塑复合管适用范围广，可以作为室内外冷热水管、采暖管、温泉管、太阳能管等，作为供热管道时可在管壁外再套保温层制成保温铝塑复合管(图 5-12)，以减少热损失。铝塑复合管在工程施工中方便快捷，可有效缩短工期，是传统镀锌管理想的替代品。

图 5-12　保温铝塑复合管

2.2　电线材料

2.2.1　电力线

1. 电力线的概念及种类

电力线又称为强电线，是用来传输电力的管线，能保证照明、电器设备等系统的正常运行，室内装饰装修所用的电线通常采用铜作为导电材料，外部包具有自熄性质和绝缘性质的聚氯乙烯套(PVC)。

目前，在装饰工程中应用的电力线在形式上一般可分为单股线和护套线两种。

(1)单股线。单股线是单根电线，内部是铜芯，外部包 PVC 绝缘套，回路需要施工员来组建，并穿接专用阻燃 PVC 线管，方可入墙埋设。为了方便区分，单股线的 PVC 绝缘套有多种颜色，如红色、绿色、黄色、蓝色、紫色、黑色、白色和绿黄双色等，在同一装饰工程中用线的颜色及用途应一致。阻燃 PVC 线管内表面应光滑，布置宜简洁流畅，施工质量要求高的也可以用专用镀锌管做穿线管(图 5-13)。

图 5-13　单股线

（2）护套线。自身为一个完整的回路，即一根火线和一根零线，外部有 PVC 绝缘套统一保护。PVC 绝缘套一般为白色或黑色，内部电线为红色和彩色，安装时可以直接埋设到墙内，使用方便。

电力线铜芯有单根和多根之分（图 5-14、图 5-15），单根铜芯的线材比较硬，多根缠绕的比较软，方便转角。无论是护套线还是单股线，都以卷为计量，每卷线材的长度标准应为 100 m。电力线的粗细规格一般按铜芯的截面面积来划分，照明用线选用 1.5 mm^2，插座用线选用 2.5 mm^2，空调等大功率电器设备的用线选用 4 mm^2，超大功率电器可选用 6 mm^2 等。

图 5-14　单根铜芯护套线　　图 5-15　多根铜芯护套线

2. 电力线的选用

选用电线，质量安全无疑是最重要的，选购时可从以下几个方面考察：

（1）外观。优质电线外皮都采用原生塑料制造，表面光滑，不起泡，剥开后的外皮有弹性，不易断；劣质电线的外皮都是利用回收塑料生产的，表面粗糙，对光照有明显的气泡，易拉断，时间长易开裂、老化、短路、漏电。

（2）线芯。铜质合格的铜芯电线的铜芯应该是紫红色，光泽明亮、柔软适中、不易折断。而伪劣的铜芯电线的铜芯为紫黑色，杂质多，机械强度差，韧性不佳，稍用力就会折断，而且电线内常有断线现象。国家标准电线的标准线径为 1.5 mm^2、2.5 mm^2 和 4 mm^2。

（3）长度和价格比。正宗的国家标准电线每卷长 100 m（±5％以内误差）；非国家标准电线一般只有 90 m，甚至更少，价格自然低些。

（4）包装。成卷的电线包装牌上，应有中国电工产品认证委员会的"长城"标志（图 5-16）；生产许可证号；质量安全标识（图 5-17）；质量体系认证书；厂名、厂址、检验章、生产日期；电线上印有商标、规格、电压等。

图 5-16 "长城"标志　　　　图 5-17 质量安全标识

2.2.2 PVC 电工套管、线槽

PVC 电工套管、线槽是用于穿越和保护线缆的管道。PVC 穿线管（图 5-18）的规格是按管子的外径标注，有 16 mm、20 mm、32 mm、40 mm。根据壁厚的不同，其内径不同，常用的 PVC 穿线管的壁厚有 A 型加厚型、B 型通用型、C 型薄壁型三种。一般工程采用最多的是 B 型管。PVC 线槽（图 5-19）的规格有 20 mm×10 mm、25 mm×13 mm、30 mm×15 mm、40 mm×25 mm 等。

图 5-18 PVC 穿线管　　　　　　　图 5-19 PVC 线槽

2.2.3 信号传输线

1. 信号传输线的概念及种类

信号传输线又称为弱电线，用于传输各种音频、视频等信号，在室内装修工程中主要有计算机网线、有线电视线、音响线、电话线等（图 5-20）。

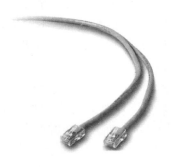

（a）　　　　　　　　　　　　（b）

图 5-20 信号传输线

（a）计算机网线；（b）有线电视线

（c）　　　　　　　　　　　　　（d）

图 5-20　信号传输线（续）

(c)电话线；(d)音响线

信号传输线一般都要求有屏蔽功能，防止其他电流干扰，尤其是有线电视和音响线，在信号线的周围，有铜丝或铝箔编织成的线绳状的屏蔽结构，带防屏蔽的信号线价格较高，质量稳定。

2. 信号传输线的应用

在铺设电线穿管时，电线总的截面面积不能超出线管内直径的40％。在设计电线铺设时，电力线与信号传输线不能同穿一根线管。信号传输线由于其信号电压低，易受 220 V 电力线的电压干扰，因此，弱电线的走线必须避开电力线。两者平行距离应在 300 mm 以上，插座间距也应在 300 mm 以上，插座下边缘距离地面约为 300 mm。在地板下布线，为了防止湿气和其他环境因素的影响，这些线的外面都要加上牢固的无接头套管，如果有接头，必须对其进行密封处理。

视频：长信宫灯——中华第一灯

学习单元 3　灯具

3.1　发光实体类

灯具是发光实体和线罩管架的总称。其中发光实体及光源，是灯具最核心的部件，它决定灯具的光照强度、光照效能、使用寿命等重要技术指标。灯具光源最早起源于白炽灯，再到后来又相继发展出荧光灯、高压汞灯、氙气灯、LED 灯等多种产品。常见光源如图 5-21 所示。

1. 白炽灯

白炽灯采用螺旋状钨丝（钨丝熔点达 3 000 ℃），通电后不断将热量聚集，使得钨丝的温度达 2 000 ℃ 以上，钨丝在处于白炽状态时而发出光。

白炽灯的灯泡外形有球形、蘑菇形、辣椒形等，灯壁有透明和磨砂两种，家居使用功率有 5 W、8 W、15 W、25 W、45 W、60 W 等多种。

普通白炽灯在家居装饰中使用很多，如应急灯、台灯、床头灯、镜前灯、吊灯等，安装时都会配套装饰灯罩，使光源变化更加丰富。

图 5-21　各种光源

(a)白炽灯；(b)荧光灯；(c)卤素灯；(d)高压汞灯；(e)氙气灯；(f)LED 射灯

2. 荧光灯

荧光灯的全称为低压汞(水银)蒸气荧光放电灯(又称日光灯)，正负离子运动形成气体并产生紫外线，玻璃管内壁上的荧光粉吸收紫外线的能量后，被激发而放出可见光。

目前，常见的荧光灯有直管形变光灯，这种荧光灯属双端荧光灯。需见标称功率有4 W、6 W、8 W、12 W、15 W、20 W、30 W、36 W、40 W 等，荧光灯管型号按管径大小分 T12、T10、T8、T5、T4、T3 等规格。

3. 卤素灯

卤素灯具有亮度高、寿命长的特点，普通白炽灯的平均使用寿命是 100 h，卤素灯要比它长 1 倍，发光效率提高 30% 左右。目前，市场上卤素灯的功率有 5～250 W 多种，工作电压有 6 V、12 V、24 V、28 V、110 V 和 220 V 多种。

卤素灯在家居装饰中一般用于局部照明，带灯杯的石英卤素射灯可对装饰画、相框、床头、沙发等细节做点缀照明。更多的则适用宾馆、酒店、剧院、商场等公共空间照明。

4. 高压汞灯

高压汞灯是采用汞蒸气放电发光的一种气体放电灯。电流通过高压汞蒸气，使之电离激发，形成放电管中电子、原子和离子间的碰撞而发光。

高压汞灯广泛用于环境温度为 $-20\,℃$～$40\,℃$ 的街道、广场、高大建筑物等室内外场所。此外，还有其他扩展品种被运用到更广泛的领域。

5. 氙气灯

氙气灯又称为重金属灯，属于高压气体放电灯(HID)。

氙气灯一般应用于开阔的公共空间，如电影放映、舞台照明、博物馆展示、公共场合照明等，也可以安装在汽车前方，用作主照明灯。由于电压加得过高，氙气灯应该选用合适的镇流器。

6. LED 灯

LED 是英文 Light Emitting Diode（发光二极管）的缩写，是一种能够将电能转化为可见光的半导体，LED 灯点亮无延迟、响应时间快、抗振性能好、无金属汞毒害、发光纯度高、光束集中，无灯丝结构，因而不发热、耗电量低、寿命长，正常使用寿命在 6 年以上，发光效率可达 80%～90%。LED 使用低压电源，供电电压为 6～24 V，耗电量低，安全性更高。LED 灯的价格比较高，一只 LED 灯的价格相当于几只白炽灯的价格。

LED 灯主要用于光源信号指示，如交通信号灯、多媒体屏幕显示、汽车尾灯等。近年来也用作室内装饰，多个 LED 灯集中组合也可以用于照明，如 LED 软管灯带、LED 射灯、LED 球形灯泡等。

7. 霓虹灯

霓虹灯是一种冷阴极气体放电灯，充有稀薄氖气或其他稀有气体的通电玻璃管或灯泡。霓虹灯管是一个两端有电极的密封玻璃管，其中填充了一些低气压的气体。几千伏的电压施加在电极上，电离管中的气体使其发出光。光的颜色取决于管中的气体。霓虹灯是氖灯（neon light）的音译，氖气这种稀有气体会发出一种流行的橙红色光，但使用其他气体会产生其他颜色，如氢（红色）、氦（粉红色）、二氧化碳（白色）、汞蒸气（蓝色）等。

3.2 装饰造型类

灯具在满足人们日常照明的同时，也在装饰着我们的生活空间，好的灯光设计往往能很好地烘托环境气氛。这就要求我们对灯具的美观性和光照气氛有所设计。目前，市场上的装饰造型类灯具主要可分为射灯、筒灯、吊灯、吸顶灯、壁灯、落地灯等。

3.2.1 射灯

射灯是装饰性照明灯具，是通过反光灯杯的反射来收窄光束的照射范围，使之聚焦在某小块面积上以加强照明效果，达到重点照明的目的，如图 5-22 所示。一般其光源选用卤素灯，即石英射灯。近年来，LED 也作为光源的射灯，由于其与射灯一致的单向性的发光原理及低耗能、高寿命的特性，逐步取代传统的石英射灯，但造价相对较高。

（a）   （b）

图 5-22　射灯
（a）大功率 LED 射灯；（b）牛眼射灯

石英射灯光线方向可调、穿透力强、光色好。功率一般比较小，目前，射灯以低压 12 V 的产品居多，需附带稳压器。射灯一般配有灯架，可对其照射方向、位置高低进行调节。石英射灯的色温比较高，再加之聚光照射的原理会使被照射面聚集大量的热，造成材料表面老化变形。长时间下来甚至会引起火灾。同时，强光的直接照射会对人眼产生刺激，故其光源一般要远离人眼直接看到的地方。

射灯一般安装在墙面或顶面内，用于对展示物品或装饰局部的重点照射。如商场橱窗、居室背景墙、酒店走廊、展厅、广告牌等经常采用这种照明灯具，如图 5-23 所示。

（a）　　　　　　　　　　　（b）

图 5-23　射灯的应用

（a）居室背景墙射灯装饰；（b）橱窗射灯应用

3.2.2　筒灯

筒灯是一种在光源上增加灯罩，使其成为单方向下射式的照明灯具。市场上的筒灯外观灯罩主要有圆形和正方形。按照安装位置的不同又可分为内置型筒灯和外置型筒灯，如图 5-24 所示。按照光源的安装位置不同又可分为直插式筒灯和横插式筒灯，如图 5-25 所示。常采用白炽灯或节能灯作为其光源。

（a）　　　　　　　　　　　（b）

图 5-24　内置式和外置式筒灯

（a）内置式筒灯；（b）外置式筒灯

内置型筒灯最大特点就是能保持建筑装饰的整体统一，不会因为灯具的设置而破坏吊顶艺术的完整性。可以用不同的反射器、镜片、百叶窗、灯泡来取得不同的光线效果。筒灯不占据空间，相比于射灯灯光更柔和，照射范围更广。

（a）　　　　　　　　　（b）

图 5-25　直插式和横插式筒灯

（a）直插式筒灯；（b）横插式筒灯

筒灯一般在公共空间走廊、商场、家庭、车站大厅使用较多，成组使用，所以，在安装前要预先设计好筒灯的布局，包括位置、间距和数量。根据空间大小可选择单个排列或两联、三联装筒灯做无主灯布置，如图 5-26 所示。

（a）　　　　　　　　　（b）

图 5-26　筒灯的应用

（a）单个排列筒灯；（b）三联筒灯

3.2.3　吸顶灯

吸顶灯是一种安装在房间内部的灯具，由于其上部较平，紧靠屋顶安装，连接螺栓全部遮掩在灯罩内部，像是吸附在屋顶上，如图 5-27 所示。

图 5-27　吸顶灯

吸顶灯灯罩一般选用透光性好且不透视的材料。这样做的目的是使吸顶灯尽量提高光效的同时保证灯光的柔和。常用灯罩材料有 PS 板、有机玻璃板、磨砂玻璃等。光源以白炽灯、LED 灯和荧光灯为主。

吸顶灯与吊灯一样适合作为整体照明灯具使用，同时，也可用于墙面的装饰。传统吸顶灯相比于吊灯装饰造型比较简单，但随着灯具市场的成熟，吸顶灯造型也出现发展，既吸取了吊灯的豪华与气派的特点，又采用了吸顶式的安装方式，避免了较矮的房间不能安装大型豪华灯饰的缺陷。

3.2.4　吊灯

凡在顶部以垂吊形式（线或以铁支垂吊）安装的灯具都称为吊灯，如图 5-28 所示。吊灯是各式灯具中的主角，是装饰效果最突出的灯具之一。吊灯的品种繁多，造型各异，有枝形、花形、圆形、宫灯形、方形等。仅枝形又可分为三叉、四叉、五叉等；按体积可分为大型、中型、小型；按灯头数可分为单头、三叉三火、三叉四火等；按光源不同又可分为白炽灯吊灯、荧光灯吊灯、LED 灯吊灯等。

图 5-28　各式吊灯

吊灯主要用于重点空间顶部中心位置的装饰，往往会成为空间装饰的重点。使用在高大的厅堂里（一般在层高在 3 m 以上），如酒店大堂、宴会厅、餐厅等。

由于其装饰效果重要，吊灯的造型、尺寸大小、结构形式、自重等因素要与空间的整体设计尤其是顶棚构造及其设计相协调统一。

3.2.5 壁灯

壁灯是安装在墙壁上的一种灯具，一般作为吊灯和吸顶灯等主要照明灯具的补充照明灯具，因此壁灯的照度比较低，功率多为 15～40 W。常用光源有白炽灯、荧光灯。灯罩直径一般为 110～250 mm，高度一般为 200～800 mm。光线淡雅和谐，可把环境点缀得更加优雅、富丽，如图 5-29 所示。

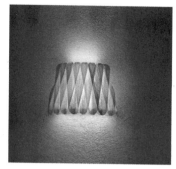

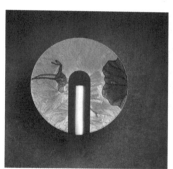

图 5-29　各式壁灯

壁灯安装高度应略超过视平线距地面 1.8 m 左右。壁灯灯罩的选择应根据墙色而定，白色或奶黄色的墙，宜用浅绿、淡蓝的灯罩；湖绿和天蓝色的墙，宜用乳白色、淡黄色、茶色的灯罩。这样，在大面积一色的底色墙布，点缀上一只显目的壁灯，给人以幽雅清新之感。也可以以阵列的形式成组布置，同样能给人以韵律之美。

3.2.6 格栅灯

格栅灯是一种类似吸顶灯的照明灯具，按照安装方式同样分为嵌入式和吸顶式两种。光源一般采用荧光灯管，光源上方装有内弧形的不锈钢反光底盘，如图 5-30 所示。格栅材料主要有镜面铝格栅灯和有机板格栅灯两大类。镜面铝格栅采用镜面铝，深弧形设计，反光效果佳；有机板格栅灯采用进口有机板材料，透光性好，光线均匀柔和。由于反光板的反射原理使格栅灯照明效果犹如日光环境。一般采用 2、3 只荧光灯管联装。规格与吊顶材料规格相配套，这样的设计使其装、拆更加方便，常用尺寸有 300 mm×600 mm、600 mm×600 mm、1 200 mm×600 mm。

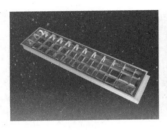  

图 5-30　各式格栅灯

格栅灯适合安装在有吊顶的公共办公空间、走道，层高不宜超过 2.8 m。类似筒灯，安装前要预先设计好灯具的位置、间距和数量。以 600 mm×600 mm 为例，一般平均每 9 m² 安装一只。

3.2.7　开关、插座

在装饰装修中，开关插座是室内装修很小的一个五金零件，但关系到室内日常生活、工作、安全的问题，如图 5-31、图 5-32 所示。

图 5-31　各种开关

图 5-32　各种插座

1. 开关和插座安装时应注意的问题

(1)边缘与门框间距宜为 0.15～0.20 m，距离地面高度宜为 1.3 m。

(2)落地安装插座宜选用安全型插座，安装高度距离地面应大于 0.15 m。

(3)并列安装的开关、插座距离地面高度应一致，高度差不应大于 1 m。

(4)暗装开关、插座应采用专用盒，线头应留足 150 mm。

(5)专用盒的四周不应有空隙，盖板应端正并紧贴墙面。

(6)卫生间插座应选用防溅式插座。

2. 开关、插座的选购

开关、插座的选购需要注重品牌，不要图便宜买一些杂牌产品。在装修中其实最不能省的就是电材料及水材料，这些材料一旦出现问题，往往都伴随着较为严重的后果。例如，市场很多知名品牌开关会有"连续开关一万次"的承诺，正常情况下可以使用10年甚至更长时间，价格虽高，但综合比较还是合适的。

（1）外观。品质好的开关、插座大多使用防弹胶等高级材料制成，也有镀金、不锈钢、铜等金属材质，其表面光洁、色彩均匀，无毛刺、划痕、污迹等瑕疵，具有优良的防火、防潮、防撞击性能。同时，包装上品牌标志应清晰，有防伪标志、国家电工安全认证的"长城标志"、国家产品3C认证和明确的厂家地址电话，内有使用说明和合格证。

（2）手感。插座额定的拔插次数不应低于5 000次，插头插拔需要一定的力度，松紧适宜，内部铜片有一定的厚度；开关的额定开关次数应大于10 000次，开启时手感灵活，不紧涩，无阻滞感，不会发生开关按钮停在中间某个位置的状况，还可掂一掂开关质量，优质的产品因为大量使用了铜、银金属，分量感较足。

学习单元4　卫生洁具、整体厨柜

4.1　卫生洁具

卫生洁具是现代建筑装饰中的重要组成部分，空间内的功能使用取决于洁具设备的质量，卫生洁具既要满足使用功能完善的要求，又要满足节水、节能等环保要求，在满足实用需求的基础上，还需要匹配室内空间的整体风格，并体现一定的审美需求。

4.1.1　面盆

1. 面盆的分类

面盆又称为洗面盆，面盆的种类、款式和造型非常丰富，影响面盆价格的因素主要有品牌、材质与造型。目前，常见的面盆按材质可分为陶瓷、玻璃、亚克力等；按造型可分为挂式、立柱式、台式三种。其中，台式面盆又可分为台上盆、台下盆、半嵌盆等，如图5-33所示。

（a）　　　　　　　　　　（b）　　　　　　　　　　（c）

图5-33　各类面盆

（a）陶瓷台下盆；（b）玻璃台上盆；（c）金属台上盆

（1）陶瓷面盆。陶瓷面盆使用频率约占消费市场的 90%。陶瓷材料保温性能好，经济耐用，随着工艺进步，造型也更加趋于个性化。

（2）玻璃面盆。玻璃面盆采用钢化玻璃热弯而成；玻璃壁有 19 mm、15 mm 和 12 mm 等几种厚度，色彩多样，质地晶莹剔透。钢化玻璃面盆可耐 200 ℃的高温，耐冲撞性和耐破损性较好。

（3）亚克力面盆。亚克力面盆采用的主要材料是有机玻璃，在其中加入麻丝纤维后多次拉伸而成，是一种新型材料，具有质地轻、成本低等特点。其适用各种场合。亚克力面盆强度较低，可以配置大理石台面支撑安装。

（4）不锈钢面盆。不锈钢材质可烘托出室内的现代感，材质厚实，达到 1.2 mm 以上，表面经过磨砂或镜面处理。不锈钢面盆的突出优点就是容易清洁。光鲜如新的不锈钢面盆与卫生间内其他钢质配件搭配在一起，能烘托出工业风格特有的现代感。

2. 面盆的选购与识别

在选购洗面盆时，应注意根据卫生间环境来确定洗面盆的款式。卫生间面积较小，一般选购立柱式或挂式洗面盆，卫生间面积较大，可以选购台盆并自制台面配套，或者预制厂家生产的成品台面、浴室柜及配套产品。

面盆主要从以下几个方面进行选购及识别：

（1）釉面质量。对于主流的陶瓷洗面盆而言，在选购中最重要的是要注意陶瓷釉面质量，优质产品的釉面不容易挂脏，表面易清洁，长期使用仍光亮如新。选购时可以在充足的光线下，从洗面盆的侧面多角度观察，优质产品的釉面应没有色斑、针孔、砂眼、气泡，表面非常光滑。用砂纸在表面打磨，优质产品表面均无任何痕迹。

（2）吸水率。吸水率也是陶瓷洗面盆的重要指标，吸水率越低的产品越好，低档产品吸水后的陶瓷会产生膨胀，容易使陶瓷釉面产生龟裂。脏物与异味容易吸入陶瓷，一般吸水率小于 3%的产品为高档陶瓷洗面盆。

（3）染色程度。可在陶瓷洗面盆表面滴上酱油等有色液体，待 30 分钟后擦拭，观察其染色程度。

4.1.2 蹲便器

1. 蹲便器概述

蹲便器是指使用时人体为蹲式特点的便器，是一种传统的卫生间洁具，一般采用陶瓷制作，结构简单，使用频率高，占地面积小，成本低。蹲便器适用家居空间的客用卫生间和大多数公共卫生间。蹲便器不带中水装置，需要另外配置给水管或配套冲水水箱。蹲便器的排水方式主要有直排式和存水弯式。其中直排式结构简单，存水弯式防污性能好，但安装时有高度要求，需要预留管道布设空间，高度一般大于 200 mm。同时，还需要注意蹲便器上表面要低于周边陶瓷地面砖，蹲便器出水口周边需要涂刷防水涂料（图 5-34）。

2. 识别与选购

（1）釉面检查。触摸产品表面，优质蹲便器表面的釉面与坯体较细腻，低档蹲便器在手电筒照射下，会发现有毛孔，釉面与坯体都比较粗糙。

（2）尺寸测量。可以用卷尺测量宽度是否与标签标明信息一致，也可以掂量其质量，优质蹲便器一般会采用高温陶瓷，材料结构致密，自重较大；而低档蹲便器自重较小。

（3）检查吸水率。优质蹲便器应不吸水，因此不会发生釉面龟裂或局部漏水现象，而低档产品容易吸水。

（4）检验平整度。利用水平尺校正等方式，关注蹲便器的背部坯体的平整度及光泽度。

4.1.3　坐便器

1. 坐便器分类

坐便器又称抽水马桶，是指使用时以人体为坐式特点的便器。坐便器是取代传统蹲便器的一种新型洁具，主要采用陶瓷或亚克力材料制作。坐便器按结构可分为分体式坐便器和连体式坐便器两种；按冲水方式可分为冲落式（普通冲水）和虹吸式（图 5-35）。

图 5-34　蹲便器　　　　图 5-35　坐便器

（1）冲落式坐便器。冲落式坐便器是利用水流的冲力来排冲，一般池壁较陡，存水面积较小，这样水力集中，便圈周围落下的水力加大，冲污效率高。

（2）虹吸式坐便器。虹吸式坐便器可分为旋涡式虹吸、喷射式虹吸两种。旋涡式虹吸坐便器的出水口设于坐便器底部的一侧，冲水时水流沿池壁形成旋涡，加大了水流对池壁的冲洗力度，更利于冲排；喷射式虹吸坐便器在底部增加一个喷射口，对准排污口中心，冲水时部分水从便圈周围的布水孔流出，部分由喷射口喷出，产生较大水流冲力，达到更好的冲排效果。

相较冲落式坐便器，虹吸式坐便器冲水噪声更小，防臭效果也更好；缺点是要有一定水量才可达到冲净的目的。

近年来，微型计算机控制的智能坐便器的普及，使坐便器冲水模式更加人性化，使用的舒适度也得到进一步提升。

2. 坐便器的识别与选购

（1）节水效果。可选择节水效果较好的产品，市场上的坐便器冲水量一般为 10 L，对水源的污染与浪费极其严重，建议选用冲洗量为 6 L 的节水型坐便器，一般以虹吸式坐便器为主。

（2）尺寸配合度。购买前要确定安装尺寸，要预先测量下水口中心距毛坯墙面的距离，一般为 300 mm 与 400 mm 两种尺寸为主。

（3）釉面质量检查。卫生洁具多半为陶瓷质地，选购时应仔细检查外观质量，釉面质量好的坐便器光滑无瑕疵，反复冲洗依旧可保持光滑如新。

4.1.4 浴缸

浴缸又称浴盆，是传统的卫生间洗浴洁具。浴缸按材料一般可分为钢板搪瓷浴缸、亚克力浴缸、木质浴缸和铸铁浴缸；按裙边可分为无裙边缸和有裙边缸；从功能上可分为普通缸和按摩缸。

(1)钢板搪瓷浴缸。钢板搪瓷浴缸通常由厚度为 2～3 mm 的钢板经冲压成型，表面再经搪瓷处理制成。表面光洁程度高，耐磨、耐热、耐压。钢板搪瓷浴缸价格相对较低，质地轻巧，便于安装，但是钢板浴缸的造型单调，保温效果较差，浴缸注水噪声较大。

(2)亚克力浴缸。亚克力浴缸以人造有机材料亚克力为原料制成，质轻，造型和色泽丰富。亚克力浴缸保温效果很好，冬天可长时间保温，自重较小，便于运输和安装，表面的划痕可以进行修复。亚克力浴缸造价较合理，但因硬度不高，表面易产生划痕。

(3)木质浴缸。木质浴缸由木板拼接而成。一般选用云杉、橡木等木质硬度高、密度大、防腐性能佳的材质，拥有自然纹理和气味。木质浴缸保温性强，缸体较深，平时需要进行保养维护以防止漏水或变形。

(4)铸铁浴缸。铸铁浴缸的表面都经过高温施釉处理，光滑平整，便于清洁，经久耐用。此外，它色泽温和，注水噪声小。铸铁浴缸的造型较为单调，色彩选择也不多，保温性一般。表面附搪瓷，自重非常大。

4.1.5 淋浴房

淋浴房从形态上可分为立式角形淋浴房、一字形浴屏、浴缸上浴屏、高档沐浴房四类。

(1)立式角形淋浴房。立式角形淋浴房可以更好地利用有限的浴室面积；外形通常有方形、弧形、钻石形等；以结构分有推拉门、折叠门、转轴门等结构性质，进入方式有角向进入式或单面进入式。

(2)一字形浴屏。采用 10 mm 钢化玻璃隔断，适用宽度较窄的卫生间。

(3)浴缸上浴屏。许多消费者已安装了浴缸，但又常常使用淋浴，为兼顾此两者，也可在浴缸上制作浴屏。

(4)高档淋浴房。一般由桑拿系统、淋浴系统、理疗按摩系统三个部分组成。

4.2 厨房洁具

厨房洁具主要为水槽。一般常见的有不锈钢水槽及合成材料水槽。根据厨房空间大小，水槽的形态又可分为单槽、双槽、三槽或子母槽。

(1)不锈钢水槽。不锈钢水槽易清洁、不结垢、不吸油、耐高温、耐冲击、寿命长，优质不锈钢板厚度为 0.8～1.0 mm，使槽体具有一定的韧性，可以最大限度地避免各类瓷器、器皿由于撞击而造成的损失。

(2)合成材料水槽。合成材料水槽包括人造石、亚克力等材料，合成材料水槽的生产成本低。另外，它有多种颜色可选，容易和大理石台面搭配组合。如市面流行的石英石水槽，石英石是一种90%以上的石英晶体加上树脂及其他微量元素人工合成的一种新型石材。石英石水槽的特点为高硬度、耐磨、耐划，耐高温不变形、不变色，抗油污易清洁，吸水性小于 0.1%。

无论是不锈钢水槽还是合成材料水槽，都可分为明装和暗装两种样式，如图 5-36、图 5-37 所示。明装水槽的沿口在台面上，能有效保护石材台面边缘；暗装水槽无沿口，可以方便擦除厨柜台面上的污水。

图 5-36　明装水槽

图 5-37　暗装水槽

4.3　整体厨柜

整体厨柜也称整体厨房。近年来，全屋定制在家居装饰装修中成为主流，将厨柜单独分离出现场制作，厨柜的工厂化生产已经成为厨房装修的流行化趋势，整体厨柜也应运而生。

目前，市场上常见的厨柜台面有人造防火板、大理石和人造石三种。大理石具有多种花纹和色泽，外观华贵，但作为厨房台面，石材的毛孔易渗透，不易清理。人造石色泽多、耐油污，颜色丰富，成为高档厨房的首选台面。如新型陶瓷岩板，作为家居领域的新物种，主要用于厨房板材等领域，具有耐高温、耐磨刮、防渗透、耐酸碱、零甲醛、环保健康等特性。

厨柜门板的种类一般可分为防火板门板、实木门板、烤漆门板、金属质感门板、PVC 模压吸塑门板。

(1)防火板门板。防火板是厨柜门板中最常见的一种，防火板突出的综合优点是耐磨、耐高温、抗渗透、容易清洁、价格实惠；缺点是表面平整，无凹凸立体效果，时尚感稍差，比较适合中、低档装修。

(2)实木门板。实木制作的厨柜门板，具有回归自然、返璞归真的效果。比较适合偏爱纯木质地的消费群体高档装修使用。

(3)烤漆门板。烤漆即喷漆后经过进烘房加温干燥处理。其特点是色泽鲜艳，具有很强的视觉冲击力，时尚美观；缺点是由于技术要求高，废品率高，价格相对较高，比较适合追求时尚的高档消费群体。

(4)金属质感门板。在经过磨砂、镀铬等工艺处理的高档合金门板上印刷木纹，它的芯板由磨砂处理的金属板或各种玻璃组成；表面可形成凹凸质感，能够打造空间肌理感。

(5)PVC 模压吸塑门板。用中密度板为基材镂铣图案，用进口 PVC 贴面经热压吸塑后成形。PVC 板具有色泽丰富、形状独特的优点。一般 PVC 膜为 0.6 mm 厚，也有使用 1.0 mm 厚高亮度 PVC 膜的，色泽如同高档镜面烤漆，档次很高。

学习单元5 装饰五金

5.1 门窗及家具五金

5.1.1 门窗五金类

门窗五金类主要包括装饰锁具、拉手、合页、滑轨道、门吸、弹簧铰链等。五金涉及品种较多，限于篇幅，仅对部分种类进行介绍。

1. 装饰锁具

锁具是指起封闭作用的器具，有外装门锁（防盗锁）、插芯门锁、球形门锁、移门锁等。目前，市场上的门锁种类繁多，颜色、材质、功能各有不同（图5-38）。

（a） （b） （c）

图5-38 装饰锁具
(a)外装门锁；(b)插芯门锁；(c)移门锁

在选购门锁时，应注意选择有质量保证的生产厂家，查看锁体表面光洁程度，有无影响美观的缺陷。注意选购与门的开启方向一致的锁具，并检查开启是否灵活。

2. 合页

合页也可称为铰链，是用于建筑门、窗、厨柜门等部位的连接构件。合页从材质上可分为铁质、铜质、不锈钢质。从规格上来说，合页有大小不同规格，100～150 mm的合页适用大门中的木门、铝合金门，75 mm的适用窗子、纱门；50～65 mm适用厨柜、衣柜门。还有其他一些类型的合页，如抽芯合页（也称脱卸合页）、H形合页、T形合页、旗形合页、无声合页等。选择合页时为了开启轻松且噪声小，应选择合页中轴内含滚珠轴承的产品（图5-39）。

3. 拉手

目前，拉手的材质有铜、铝、不锈钢、锌合金、塑胶、原木、陶瓷等。颜色形状种类繁多，用于搭配各式风格家具。

选购拉手主要是看拉手的外观、电镀的光泽度及手感是否光滑等。此外，拉手还应能承受6 kg以上的拉力。

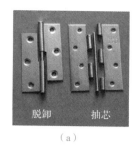

脱卸　　　抽芯

（a）　　　　　　　　　　（b）　　　　　　　　　（c）

图 5-39　合页

（a）抽芯门锁；（b）尼龙垫圈合页；（c）弹簧合页

5.1.2　家具五金类

家具五金类有烟斗合页、铰链、抽屉滑轨、玻璃夹、柜脚、万向轮等。

1. 烟斗合页

烟斗合页主要用于厨柜门、衣柜门。安装弹簧铰链的门扇，关闭后不易被风吹开，不需要再安装各种碰珠。

弹簧铰链可分为全盖（或称直臂、直弯）铰链、半盖（或称曲臂、中弯）铰链、内侧（或称大曲、大弯）铰链、一段力铰链、二段力铰链；从材质上可分为铁镀锌、铁镀镍、不锈钢几种（图 5-40）。

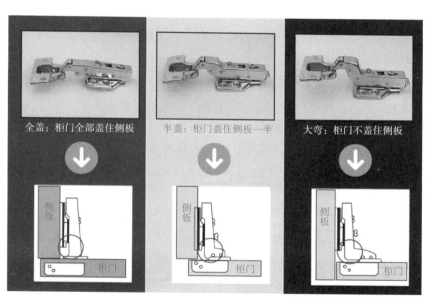

图 5-40　烟斗合页

2. 抽屉滑轨

抽屉滑轨的种类很多，按滑动装置可分为滚轮式滑轨和钢珠式滑轨；按滑轨结构可分为二节式、三节式；按安装部位可分为侧装式和托底式；按材料可分为喷塑（基材为铁质）、铁镀锌（白锌、彩锌、黑锌）、不锈钢等；此外，还有静音式、自闭式等诸多种类的滑轨（图 5-41）。

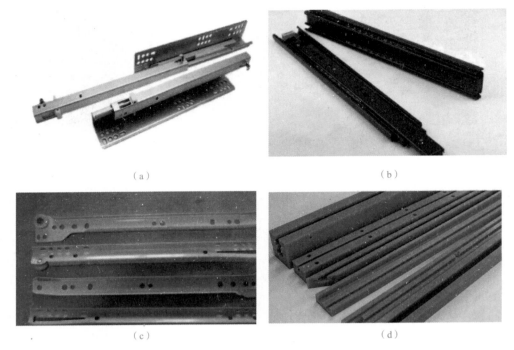

（a）　　　　　　　　　　　　　　　　（b）

（c）　　　　　　　　　　　　　　　　（d）

图 5-41　抽屉滑轨

(a)托底式滑轨；(b)钢珠式滑轨；(c)滚轮式滑轨；(d)耐磨尼龙滑轨

5.2　厨房卫浴五金

厨房卫浴五金类涉及的种类较多，如水龙头（面盆龙头、厨房龙头、浴缸龙头、淋浴龙头、洗衣机龙头），挂架（皂碟架、单杯架、双杯架、纸巾架、厕刷托架、单杆毛巾架、双杆毛巾架、单层置物架、多层置物架、浴巾架、厨柜拉篮、厨柜挂件）及接头（弯头、三通、四通），阀门（截止阀、蝶阀、闸阀、球阀等），地漏等（图 5-42、图 5-43）。

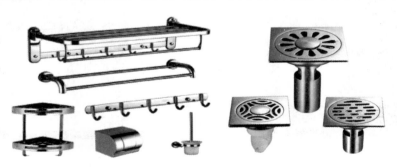

图 5-42　挂架　　　　　　　图 5-43　地漏

厨房卫浴五金涉及种类较多，限于篇幅，以下仅介绍水龙头。

水龙头按材料来分可分为铸铁、全塑、全铜、合金材料水龙头等；按开启方式来分可分为螺旋式、扳手式、抬起式和感应式水龙头；按阀芯来分可分为铜阀芯、陶瓷阀芯等，水龙头质量好坏主要取决于阀芯；按功能来分可分为面盆龙头、厨房龙头、浴缸龙头等（图 5-44）。

（a） （b） （c）

图 5-44 水龙头

(a)面盆龙头；(b)厨房龙头；(c)浴缸龙头

（1）面盆龙头：用于放冷、热水或冷热混合水，结构有螺杆升降式、金属球阀式、陶瓷阀芯式，主要供人们洗涤、洁面使用。

（2）厨房龙头：如果厨房里有热水管线，这种龙头应该是双联的。另外，厨房龙头的出水口较高、较长，某些还有软管设计制成抽拉龙头，供洗涤食物之用。

（3）浴缸龙头：有两个出水口，一个连接淋浴水龙头（花洒），带有喷头设计，供淋浴使用；另一个直接对着浴缸，便于往浴缸中注水，供盆浴使用。

5.3　钉子与螺栓

5.3.1　钉子

在建筑工程上，钉子指的是尖头状的硬金属（通常是钢），作为固定木头等物使用。

1. 圆钢钉

圆钢钉可分为圆钉和钢钉。圆钉是以铁为主要原料，根据不同规格和形态加入其他金属的合金材料；而钢钉加入碳元素，使硬度加强。圆钢钉的规格、形态多样，目前用在木质装饰施工中的圆钢钉都是平头锥尖型，以长度来划分多达几十种，如 20 mm、25 mm、30 mm 等，每增加 5～10 mm 为一种规格。

圆钢钉主要用于木、竹制品零部件的接合，称为钉接合。钉接合由于接合强度较小，所以，常在被接合的表面上涂胶，以增强接合强度，通常又将钉接合称为不可拆接合。

2. 气排钉

气排钉（图 5-45）又称气枪钉，根据使用部位分为多种形态，如平钉、T 形钉、马口钉等，长度为 10～40 mm。钉子之间使用胶水连接，类似于订书钉。每颗钉子纤细，截面呈方形，末端平整，头端锥尖。气排钉要配合专用射钉枪使用，通过空气压缩机加大气压推动射钉枪发射气排钉，隔空射程可超 20 m。

气排钉通常用于钉制板式家具部件、实木封边条、实木框架、小型包装箱等。

图 5-45　气排钉

经射钉枪钉入木材中而不露痕迹，不影响木材继续刨削加工及表面美观，且钉制速度快、质量好，应用范围广。

雷锋的螺丝钉精神

　　1960 年 1 月 12 日，雷锋写道："虽然是细小的螺丝钉，是个细微的小齿轮，然而如果缺了它，那整个的机器就无法运转了，莫说是缺了它，即使是一枚小螺丝钉没拧紧，一个小齿轮略有破损，也要使机器的运转发生故障的，尽管如此，但是再好的螺丝钉，再精密的齿轮，它若离开了机器这个整体，也不免要当作废料，扔到废铁料仓库里去的。"1962 年 4 月 7 日，雷锋再次写道："一个人的作用对于革命事业来说，就如一架机器上的一颗螺丝钉。机器由于有许许多多螺丝钉的连接和固定，才成了一个坚实的整体，才能运转自如，发挥它巨大的工作能力，螺丝钉虽小，其作用是不可估量的，我愿永远做一个螺丝钉。螺丝钉要经常保养和清洗才不会生锈。人的思想也是这样，要经常检查才不会出毛病。"

　　雷锋的"螺丝钉精神"是自觉地把个人融入党和人民的事业，个人服从整体，服从组织，忠于职守，兢兢业业，干一行爱一行，全心全意为人民服务的精神！

---

3. 螺钉

螺钉（图 5-46）是在圆钢钉的基础上改进而成的，将圆钢钉加工成螺纹状使用时需要配合螺钉旋具。螺钉的形式主要有平头螺钉、圆头螺钉、盘头螺钉、沉头螺钉等。螺钉的规格主要有 10 mm、20 mm、25 mm、38 mm、45 mm、80 mm 等。

| 圆柱头 | 半沉头 | 沉头 | 球面圆柱头 | 盘头 | 半圆头 |

图 5-46　螺钉

螺钉可以使木质构造之间衔接更紧密，不易绕化松动脱落。螺钉主要用于拼板、家具零部件装配及铰链、插销、拉手、锁的安装。

4. 射钉

射钉又称水泥钢钉，相对于圆钉而言质地更坚硬，可以钉至钢板、混凝土和实心砖上。为了方便施工，这种类型的钉子中后部带有塑料尾翼，采用火药射钉枪（击钉器）发射，射程远、威力大。射钉的规格主要有 30 mm、40 mm、50 mm、80 mm 等。射钉用于固定承重力量较大的装饰结构，如室内装修中的吊柜、吊顶、壁橱等家具，既可以使用锤子钉接，又可以使用火药射钉枪发射（图 5-47）。

5.3.2　膨胀螺栓

膨胀螺栓（图 5-48）又称膨胀螺丝，是由带孔螺母、螺杆、垫片、空心壁管四大金属部件组成的，一般采用铜、铁、铝合金金属制造，体量较大，按长度划分规格主要为

30～180 mm。膨胀螺栓可以将厚重的构造、物件固定在顶板、墙壁和地面上，广泛用于室内装饰装修。

图 5-47　射钉

图 5-48　膨胀螺栓

模块小结

　　本模块基于其他装饰材料及辅料进行了分类介绍，共分为功能性材料、管线材料、灯具、卫生洁具及装饰五金五个部分。讲述了各类常见其他装饰材料的性能、规格、识别与选购等内容。要求学生掌握各类功能性材料及辅料的特性，并能根据不同装饰效果和功能要求合理选择适合的灯具及卫生洁具。

思考与练习

　　1. 合成高分子防水材料有何特点？

　　2. 对于水压较大的给水管，选用 PVC 管、PP－R 管、铝塑复合管哪一种更适合？

　　3. 荧光灯和 LED 灯有什么区别？各自又有何特点？

　　4. 水龙头有哪几种类别？如何鉴别其优劣？

　　5. 影响吸声材料吸声效果的因素有哪些？

实训任务

　　请到当地装饰材料市场，进行其他装饰材料和辅料的市场调研。

　　任务：调查该装饰材料市场，主要销售哪些其他装饰材料及辅料，并任意选择其中 3 种调查其价格、规格、特点、材质更新情况及生产品牌厂家信息。

　　要求：3～5 人为一个小组开展调研活动，任务完成后，以小组为单位提交一份调研过程记录（附照片记录）及调研报告，同时结合本次内容及调研情况，对比装饰材料各自的特点，探讨如何进行合理的选用。

参考文献

［1］尹颜丽，安素琴．建筑装饰材料识别与选购［M］．北京：高等教育出版社，2014．

［2］魏爱敏，王会波．建筑装饰材料［M］．北京：北京理工大学出版社，2020．

［3］赵丽华，薛文峰．建筑装饰材料与施工工艺［M］．北京：机械工业出版社，2021．

［4］陈亚斌，夏莲，伍爱华．建筑装饰材料［M］．北京：中国轻工业出版社，2020．

［5］魏鸿汉．建筑装饰材料［M］．北京：机械工业出版社，2015．

［6］曹雅娴．建筑装饰材料与室内环境检测［M］．北京：机械工业出版社，2018．

［7］朱吉顶．建筑装饰材料［M］．北京：机械工业出版社，2015．

［8］陈雪杰，业之峰．室内装饰材料与装修施工实例教程［M］．2 版．北京：人民邮电出版社，2016．